JN441000

사례 중심 군대윤리

사례 중심 군대윤리

사례 중심

군대윤리

조은영 | 정은진 | 김상수 | 홍진혁 | 조재현

집문당

조은영 성균관대 철학박사(동양철학)
정은진 성균관대 석사(동양철학)
김상수 연세대 석사(서양철학)
홍진혁 고려대 석사(서양철학)
조새현 미국 브라운대 석사(분석철학)

사례 중심 **군대윤리**

2017년 7월 20일 1판 1쇄
2025년 2월 20일 1판 4쇄

저자 | 조은영 외
발행인 | 임동규
발행처 | **(주)집문당**
등록 | 1971. 3. 23. 제2012-000069호
주소 | 03134 서울시 종로구 돈화문로 82, 5층
전화 | +82-1811-7567
이메일 | sale@jipmoon.com
홈페이지 | www.jipmoon.com

ISBN 978-89-303-1765-8

가격 15,000원

(주)집문당 이순신돋움체B (저작권자 아산시, 무료글꼴)

머리말

군에 윤리가 필요한가? 비참한 극단의 상황인 전쟁을 담당하는 군인에게 윤리가 무슨 의미가 있을까? 만일 윤리를 현실에서는 별로 쓸모가 없는 그저 책에서나 나오는 좋은 말 정도로 치부하거나, 사회의 갈등이나 불화를 조정하는 데 쓰는 수단의 하나 정도로 이해하는 이들에게 윤리는 별로 중요하지 않을 것이다.

물론 윤리는 이상적(理想的)인 측면이 있고 사회질서를 유지하는 수단적 의미 또한 갖는다. 그러나 좀 더 본질적으로 살펴보면, 인간은 유한한 존재로서 자신의 제한된 상황 속에서 늘 이것인지 저것인지 선택하는 상황에 놓이는 존재이다. 인간의 선택은 우열(優劣), 경중(輕重), 선후(先後), 본말(本末), 호오(好惡) 등을 가림으로써 행해지는데, 이러한 분별적 선택 행위야말로 윤리적 행위와 직결한다. 무엇이 더 중요한지 덜 중요한지, 무엇이 우선인지 나중인지 등을 따지는 가치판단이 바로 윤리적 행위의 중요 부분인 것이다.

전쟁을 인간의 본능에 의한 것으로 본다면, 전쟁은 자연스러운 혹은 필연적인 현상이 된다. 그러나 생존본능에 지배받는 단순한 생물학적 존재 이상인 문명화된 존재로서 인간을 바라볼 경우, 전쟁은 생사와 존망이 걸린 일로서 더욱더 신중하고 현명한 판단이 필요한 선택의 문제가 되며, 윤리와 불가분의 관계를 맺는다고 말할 수 있다.

더구나 군의 윤리적 건전성이 전투력 발휘에 직결한다는 역사적 경험도 무시할 수 없다. 이로 볼 때 군에서 윤리는 본질적 차원에서 또한 수단적 차원에서 모두 중요한 의의를 갖는다고 하겠다.

우리 군의 경우, 군대윤리의 중요성에 비해 그에 대한 관심과 투자는 늦은 감이 있다. 비록 2014년 국방부에서 주관한 '민관군 병영문화혁신 위원회'에서 제시한 혁신 과제 중 군대윤리 교육이 포함되면서 전군에 군대윤리 교육이 시작되었지만, 실질적인 교육콘텐츠나 관련 인력은 아직도 부족한 실정이다.

이 책은 이러한 문제의식에서 출발하였다. 현재 우리 군이 당면하고 있는 군대윤리 관련 요구에 부응해야 한다는 측면에서 볼 때, 이 분야 관련 연구자들의 역할은 해당 연구를 더욱 심화 · 확대시키고, 현장 사람들이 보다 유용하게 활용할 만한 콘텐츠를 제공해주는 것이라고 생각했기 때문이다. 물론 육군사관학교 교육과정에서 변화된 군대윤리 교육 환경도 감안하지 않을 수 없었다.

이 책은 좀 더 쉽게, 그러면서도 중요한 내용들을 핵심적으로 다루면서, 교육자와 학습자들이 함께 참여하며 학습할 수 있는 교재로 개발하고자 하였다. 이는 다수의 군대윤리 교육 관계자와 학습자들이 제한된 여건 속에서 많은 준비가 부족한 상태이며, 그런 환경 속에서도 군대윤리 교육에 있어 최소한의 성과를 거두는 게 필요하리라는 점을 고려한 것이다.

1부에서는 군대윤리 논의가 시작된 배경과 개념, 그 내용과 방법, 이론적 토대 등에 대해 간략하게나마 다루어 군대윤리가 무엇인지 이해를 돕고자 했다. 우리 군에서 군대윤리 담론이 갖는 의의가 무엇인지, 앞으로의 방향은 어떻게 되어야 하는지 등 군대윤리에 대한 공감된 인식을 확산하기 위한 필진의 생각을 전하는 것도 중요한 비중을 차지했다.

2부는 주로 사례를 중심으로 한 발표와 토론이 가능하도록 꾸민 사례연구(case study) 부분이다. 세부적으로 보면, 사례연구를 위한 개요를 소개하는 부분과 4개 사례연구 부분으로 구성하였다.

사례가 갖는 구체성은 군대윤리 문제를 자신의 문제로 좀 더 실감하게 해 주리라 본다. 또한 사례 속 딜레마에 대한 열린 토론을 통해 도덕적 사고와 감정의 발전에도 도움을 주리라 본다. 이론적인 부분은 2010년도에 본교 철학교수들이 집필한 『군대윤리』 책자(이 책은 「군인의 지위 및 복무에 관한 기본법」 등을 반영한 개정작업이 진행 중이다.)를 참고하면 좋을 것이다. 또한 야전에서는 2016년도 국방부에서 발간한 『간부용 군대윤리』를 함께 활용하면 더욱 효과적일 것이다.

집필진에는 2017년 현재 철학분야 교수로 재직 중인 조은영, 정은진, 김상수, 홍진혁, 조재현 교수가 참여하였다. 조은영 교수는 1부 대부분과 2부 1, 2장을 집필하였고, 책 전체 내용을 엮는 일도 맡았다. 조재현 교수는 조은영 교수를 도와 1부 집필에 참여하였다. 그중 4장 2절 「윤리학적 토대: 도덕원리」 부분은 조재현 교수가 전담하였다. 2부 3장 전쟁윤리 부분은 김상수 교수가, 4장 군 직업윤리 부분은 홍진혁 교수가, 5장 군 리더윤리 부분은 정은진 교수가 담당하여 집필하였다.

한번 쏟은 물은 다시 담을 수 없듯이, 말과 글 또한 쓰고 나면 다시 거둘 수 없다. 이 책도 이미 쓴 순간 그 말과 글에 다시 쓸어 담을 수 없는 책임의 무게가 실리게 된다. 그런 점에서 이 책의 여러 부족한 점이 마음에 걸린다. 하지만, 군대윤리를 교육하는 사관학교 교단에 있는 사람들로서 일말의 책임감을 갖고 조금 부족할지언정 책을 집필하는 것이 더 낫다는 데에 마음을 모았다. 독자 여러분의 많은 지도편달이 다음의 집필과 연구에 밑거름이 되고, 우리 군 내에서 건전한 군대윤리 담론이 형성되고 고양되는 데에도 큰 도움이 되리라 본다. 또한 본서의 집필이 미력하나마 장기적인 연구축적과 교육 발전, 군대윤리 관련 인식 개선과 환경 구축 등에 작은 계기가 되기를 기대해 본다.

끝으로 많은 부족함에도 불구하고 이 작은 책을 소중하고 깔끔하게 출판하기까지 정성을 다해 도와주신 집문당 관계자들께 감사의 마음을 전한다.

2017년 6월

화랑대에서 저자들을 대신하여

조 은 영

차례

제1부 군대윤리의 이해

제2부 사례연구Case Study

• 제1부 •

군대윤리의 이해

제1부
군대윤리의 이해

제1장 왜 윤리인가?

1. 윤리는 쓸모없다?

현대 한국인들에게 쓸모는 가치를 가늠하는 데 있어서 매우 중요한 위치에 있는 것 같다. 쓸모란 자신에게 필요한 유용함을 얼마나 더해주느냐로 판단된다. 따라서 "그것을 어디에 써먹겠느냐?"는 말은 쓸모없다는 혹평이다.

그런데 "그것을 어디에 써먹겠느냐?"는 회의적인 말을 자주 듣는 것이 윤리[1]이다. 사람들이 이렇게 생각하는 이유는 윤리가 어떤 뚜렷

1) 윤리와 도덕의 개념적 차이를 세밀히 나누어 볼 수도 있겠으나, 이 책에서는 특별히 구별하지 않고 쓴다는 점을 밝힌다. 따라서 윤리(교육)와 도덕(교육), 윤리의식과 도덕성 등을 구별 없이 쓰더라도 같은 의미라고 보아도 무방하다.

한 이익을 주지도 않고, 법과 같은 강제력도 없다고 보기 때문이다. 윤리적으로 옳지 않은 일을 행하더라도 법에만 저촉되지 않으면 실제적인 불이익도 없으며, 심지어 윤리적인 삶을 사는 것이 각박한 사회현실에서 손해라는 관념도 광범위하게 퍼져있는 것 같다.

그럼에도 불구하고 윤리는 쓸모없다는 주장에 대항하여, 이를 비판하고 윤리가 중요하다고 말할 수 있는 이유가 무엇인가?

첫째, 쓸모가 모든 가치를 결정할 수는 없기 때문이다. 가치는 다양하며 그것을 결정하는 요소도 단일하지 않다. 예를 들어 우리는 부모, 형제의 소중함을 쓸모의 잣대로 평가할 수 없다. 또한 우리가 사랑하는 연인에 대해 쓸모로 그 가치를 따지지 않는다. 우리의 부모, 형제, 연인이 우리에게 소중한 이유는 쓸모와는 다른 가치 문제인 것이다. 전통적으로 인류가 주목한 중요한 가치는 진 · 선 · 미(眞 · 善 · 美)[2]이다. 즉, 무엇이 진실이고 무엇이 거짓인가, 무엇이 옳고 무엇이 그른가, 무엇이 아름답고 무엇이 추한가 등이 인류가 오랜 역사 속에서 가치 있게 여겨왔던 것들이다.

둘째, 가치는 그 자체로 목적이 될 수 있기 때문이다. 쓸모는 쓰는 내 자신이 판단하는 수단의 문제이다. 따라서 내 자신의 상황에 따라 쓸모는 가변적이 되고, 더 좋은 쓸모를 주는 다른 것이 있는 경우 언제든지 새로운 것으로 대체된다. 따라서 가치를 수단적인 의미로만 한정할 경우 그것이 참으로 가치 있는 것인지 문제될 수 있다. 예를

---

2) 본서에서 외국어 원문이나 동의어 등은 ( ) 안에 표기하고, 필자의 추가 설명은 [ ] 안에 기술하는 것으로 하였다.

들어 누군가 당신에게 진실한 이유가 쓸모에 의해서 그와 같이 행하는 것이라면, 당신은 그 사람의 진실성을 믿을 수 있겠는가? 우리는 이런 경우를 '진실한 척한다.'고 말하지 않겠는가? 진실성은 쓸모 때문에 진실한 것이 아니라, 진실 그 자체가 가치가 있는 것이기 때문에 진실해야 하는 것이다.

셋째, 인간 자체가 윤리적 존재이기 때문이다. 인간은 선택을 한다. 이는 우리가 매일 같이 행하는 매우 특별한 경험이다. 선택은 마치 기침하듯 우리에게 단순히 일어나는 일이 아니다. 선택한다는 것은 주체적인 행위(Agency)를 한다는 의미를 가진다. 인간이 프로그램대로 움직이는 로봇이 아닌 이상 인간은 늘 무엇이 더 중요한지 덜 중요한지, 무엇이 우선인지 무엇이 나중인지 등을 판단하고 선택하는 상황에 놓이게 된다. 따라서 인간 주체는 그 자체로 다른 동물과는 다르게 가치판단을 하는 윤리적 존재이며, 윤리적 상황에서 벗어난 삶을 산다는 것을 상상하기 힘들다.[3] 이에 대해서는 다음 절에서 좀 더 상세히 다루어 보겠다.

2. 군인에게도 윤리가 중요한가?

윤리적 존재로서 인간은 지속적으로 선택 행위를 한다. 그런데 그것이 그리 간단하지 않다. 가령, 외식하러 나가서 "무엇을 먹을까?"

---

3) 윤리를 어떻게 정의하느냐에 따라 선택 행위 중 윤리와 무관한 선택도 있다고 할 수 있다. 그러나 인간의 선택 행위 중 가장 고유하면서도 중요한 것이 윤리적 선택이라고 본다. 그런 점에서 선택하는 인간을 윤리적 존재라고 규정해 보았다.

하는 사소한 선택에서도 여러 요소가 고려된다. 이를테면 자신의 음식 취향, 시간, 비용 등을 따져본다. 그런데 이보다 중요한 문제에 대한 선택은 훨씬 복잡하고 어려워진다. 예를 들어 당신이 수천 명의 부하들을 지휘하는 지휘관이라면 당신의 선택에 따라 수천 명의 생사가 좌우될 수 있다. 특히 극한의 전장상황이라면 당신의 선택은 더욱 더 혼란스러울 것이다.

그렇다면 여기서 한 가지 질문을 할 수 있다. 인간이 필연적으로 선택을 한다면 어떤 요소들을 고려해야 하는가? 좋은 선택을 하기 위해 고민한다면 이 질문을 피해갈 수는 없을 것이다. 이 질문의 중요성에 대해서는 모두가 동의할 것이라 본다. 하지만 어떠한 대답을 할지에 대해서는 아마 견해가 다를 것이다. 앞 절에서 언급했던 쓸모나, 진위(眞僞), 선악(善惡) 등이 중요한 요소일 수 있고, 때로는 취향이나 관습과 전통을 중요하게 고려해야 하는 경우도 있을 수 있다.

물론 모든 선택이 윤리적 고려를 요구하는 것은 아니다. "저녁식사로 무엇을 먹을까?"라는 질문은 특별히 윤리적으로 보이지 않는다.[4)]그렇다면 왜 윤리적 요소가 중요한지 설명에 앞서, 어떠한 선택을 할 때 윤리적 고민이 수반되는지 살펴보아야 한다. 왜 일반적인 저녁식사같은 사소한 선택은 윤리적 고민을 불러오지 않을까?

이를 답하기 위해 먼저 나의 선택이 어떠한 결과를 낳을 수 있는지 살펴볼 수 있다. 내가 아주 특별한 음식을 먹지 않는 이상 세상에 미

4) 물론 "동물을 먹는다는 것은 윤리적인가?"라고 물을 수 있다. 하지만 이러한 문제가 제외되는 상황 또한 많기에 이는 논외로 하겠다.

치는 영향이 미미하다고 짐작할 수 있다. 즉, 내 선택이 아무에게도 큰 영향을 미치지 않는다. 반대로 갑자기 내가 먹는 음식이 특정 집단에게 종교적으로 큰 의미를 갖는다고 가정해 보자. 이러한 상황에서 많은 사람이 이러한 사실이 선택에 영향을 미친다고 간주할 수 있다. 다르게 표현하자면 내 선택이 결국 바뀌지 않더라도 적어도 "이게 옳은 선택일까?"라는 질문을 해보아야 한다. 그리고 이 질문이 윤리적 혹은 규범적 성격의 답변을 요구한다 할 수 있다.

위의 분석에 동의한다면 왜 이와 같은 상황에서 윤리적 요소가 생기는지 물을 수 있다. 이 질문은 쉽게 답할 수 있다. 첫 번째 상황과 두 번째 상황이 다른 점은 내 선택이 낳은 결과이다. 첫 번째는 내 선택이 아무에게도 별 영향을 미치지 못한다. 하지만 두 번째 상황은 내 선택이 타인에게 큰 영향을 미친다. 그렇다면 우리는 특정 선택이 타인에게 큰 영향을 미칠 경우 윤리적 질문이 수반된다고 추론할 수 있다. 이 같은 진단은 왜 현대사회에서 윤리적 문제가 더욱 부각되는지 설명한다. 기술의 발전을 통해 한 사람의 선택이 보지도 알지도 못한 사람들에게도 큰 영향을 미칠 수 있기 때문이다.[5)]

선택 결과에 있어 관계된 다른 사람들을 고려할 때 한 가지 전제하

---

5) '다른 사람에게 끼치는 결과를 고려해야 하는 선택'은 생각보다 훨씬 광범위한 개념이다. 예를 들어 '자살'은 오직 자기 자신만을 살해하는 행위이기 때문에 타인에게 아무런 해악을 끼치지 않는다고 생각할 수도 있다. 그러나 다음 절에서 언급하겠지만, 인간은 그 특성상 관계적 존재이기 때문에 그의 삶에 대해 애정과 기대를 갖고 있는 부모나 친지, 친구를 배제할 수 없다. 즉, 간접적 결과도 고려하지 않을 수 없다. 또한 나의 선택을 다른 사람도 비슷한 조건에서 동일하게 행한다고 가정해 보고 평가해 보는 것도 중요하다. 그랬을 때 그 행위가 개인만이 아닌 사회적으로 끼치는 영향을 추론할 수 있기 때문이다.

고 있는 점이 있다. 바로 윤리적 관점에선 모든 인간을 "동등한" 인간으로 간주해야 한다는 점이다. 여기서 "동등함"이란 내가 타인에게 윤리적 요구를 할 수 있듯, 타인 또한 나에게 윤리적 요구[6]를 할 수 있다는 의미이다. 엄밀히 이 명제는 모두가 같은 권리를 가진다는 의미가 아니다.[7] 이는 내가 상대방을 최소한 나와 같은 도덕적 존재로 인정하고, 그러한 상대방의 입장을 고려하여 나의 행위가 제한될 수 있다는 점을 인정하는 것이다. 만약 이를 부정한다면 애당초 "이게 옳은 선택일까?"라는 질문을 할 필요가 없다. 이는 타인을 도구처럼 여기는 것이고, 내 선택이 특정 도구에게 큰 영향을 미치더라도 특별히 고려할 이유가 없기 때문이다.[8]

지금까지 어떠한 선택을 할 경우 윤리적 요소가 부각되는지 살펴보았다. 그렇다면 윤리적 질문은 어떠한 대답을 요구할까? 먼저 윤리적 질문에 많은 논란이 따른다는 것은 모두가 아는 사실이다. 이는 사람마다 윤리적 견해가 다르다는 것을 의미한다. 하지만 논란이 항상 따른다는 것은 또 다른 의미를 내포하고 있기도 하다. 바로 누군가가 특정한 윤리적 견해를 가질 때는 그 반대되는 견해를 허용할 수 없다는 점이다. 다시 말하면, A가 옳다고 생각하는 사람은 동시에 A가 잘못됐다는 의견을 허용할 수 없다. 즉, 윤리적인 문제는 단순히 취향의 문제라고 간주되지 않는다는 점이다. 윤리적 견해는 다른 취

6) 여기서 "윤리적 요구"란 타인에게 X가 잘못되었으니 X를 하면 안 된다라는 요구이다.
7) 물론 이를 부인하는 것도 아니다.
8) 물론 윤리적 추론을 통해 타인을 크게 배려할 필요가 없다는 결론을 낼 수도 있다. 하지만 적어도 윤리적 옳음을 묻는다는 건 기본적인 입장, 즉 윤리적 추론을 시작할 때는 위와 같은 동등함을 전제한다고 간주할 수 있다.

향의 문제와 다르게 보편성을 띠고 있다. 이는 특정 상황에서 A가 옳다고 혹은 잘못됐다고 주장하면 누구나 이 상황에선 같은 윤리적 평가를 해야 한다는 요구를 전제로 하고 있다. 이 점을 부인한다면 윤리적 논쟁이 왜 이렇게 합의점을 찾기 어려운지 설명할 수 없다.[9] 그리고 이러한 특색을 바탕으로 윤리는 특정 개인만을 구속하는 규범이 아니라 개인이 속하는 집단, 때론 인류 전체를 구속한다고 할 수 있다.

지금까지의 논의를 정리하면 윤리적 요소가 선택에서 왜 중요한지 설명할 수 있다. 앞서 보여주었듯 인간이 주체적으로 선택을 하고, 때론 그 선택이 다른 타인에게 큰 영향을 미칠 수 있다. 그리고 이는 보편성을 요구하는 윤리적 질문으로 이어진다. 어떻게 보면 이 자체만으로 윤리적 요소의 중요성을 인정할 수도 있지만, 추가적 논증이 필요하다 느낄 수도 있다. 특정 질문을 한다는 자체만으로 그 질문이 중요하다 귀결되지는 않기 때문이다. 따라서 추가적으로 왜 윤리적 질문이 중요한지에 대한 논증이 필요하다.

인간은 항상 공동체에 속하는 존재이다. 작게는 가족과 친구, 크게는 국가와 인류에 속한다. 이러한 공동체는 단순히 개인의 만족감을 증진시키는 역할을 하는 게 아니다. 공동체는 개인의 생존에 있어 필수적인 구성요소이다. 타인에게 의존하지 않고 생존할 수 있는 개인은 없다. 생존에 필수적인 크고 작은 모든 일들은 협업을 요구한다.

9) 엄밀히 따지면 위의 주장은 윤리적 평가가 객관적이다/보편적이다가 아니다. 다만 윤리적 평가자 입장에선 객관성과 보편성을 전제하고 윤리적 평가를 한다는 점이다.

물질적인 생산부터 정치적인 협치까지 모두 타인에게 의존하지 않고서는 불가능하다. 이는 개인이 해야 하는 수많은 선택이 필연적으로 타인에게 영향을 주고, 개인 또한 타인에게 필연적으로 영향을 받는다는 것을 의미한다.

그렇다면 "어떻게 우리는 수많은 구성원들의 수많은 선택들을 조화시킬 수 있을까?"라는 질문을 하지 않을 수가 없다. 이 질문의 핵심은 '어떻게 개인의 행위를 공동체의 목적과 일치시킬까'가 아니다. 역사적으로 보면 개인을 공동체의 목적과 일치시키는 방법은 다양했고, 많은 경우 폭력을 수반했다. 예컨대 대부분의 사회가 물질적 생산을 위해 특정 집단을 노예화하며 착취했다. 이를 통해 공동체의 목적인 경제적 성장을 이루었다 해도, 오늘날의 우리로서는 이를 받아들이기 어렵다.[10] 그 이유는 개인의 존엄성 혹은 윤리적 가치가 훼손되었기 때문이다.

개인들의 선택을 조화하는 문제는 단순히 공동체의 목적을 달성하는 데에만 있지 않다. 이는 공동체의 목적이 개인의 존엄성 혹은 윤리적 가치를 존중하며 이루어질 수 있는지에 있다. 그렇기 때문에 공동체의 목표 중에 하나인 경제적 생산이 특정 집단을 노예화해서 이루어진다면 받아들이기 어렵다. 이러한 이유는 윤리적 고려의 중요성을 부각시킨다. 개인의 생존을 위한 공동체의 목표와 인간의 존엄성 혹은 동등함에 대한 존중을 동시에 충족시키려면 윤리적 요소를 고려

10) 이를 부정한다면 그 희생이 내가 혹은 내 가족이 되어도 이를 억울해 하거나 윤리적으로 문제 삼지 않아야 한다. 정말 그런 사람이 존재할까?

하지 않을 수 없다. 따라서 이 두 가지 목표의 중요성을 부정하지 않는다면 윤리적 질문의 중요성을 부정할 수 없을 것이다.[11)]

윤리적 질문의 중요성에 입각해서 생각해보면 군(軍)이 동원되는 상황에서 윤리적 요소가 왜 더욱 중요할 수밖에 없는지 알 수 있다. 먼저 군대는 공동체의 보존을 위해 존재한다. 이러한 임무의 성격상 공동체 안에서 유일하게 강력한 무력을 행사할 수 있다. 그리고 강력한 무력은 강력한 영향력을 의미한다. 단순히 개인뿐만이 아니라 사회를 구성하는 다른 집단에게도 큰 영향을 끼친다. 만약 무력의 존재 자체만으로 인간의 존엄성을 훼손하는 것이라고 믿지 않는다면 군이 어떻게 무력행사를 해야 사회구성원의 윤리적 존엄성과 공존할 수 있는지 고민을 해야 한다. 그리고 이러한 고민은 위에 설명하였듯 윤리적 성격을 띠고 있다. 더욱이 민주주의 국가에서 군대는 민주주의의 가치를 수호하는 역할을 한다고 자청한다. 그리고 민주주의의 여러 가치들 중 가장 근본적인 가치는 헌법 10조에 명시된 인간의 존엄성이다.[12)] 그렇다면 무력을 휘두르는 군이 어떠한 무력행사가 인간의 존엄성을 훼손시킬지 고민하지 않는다면 도리어 지키고자 하는 가치를 먼저 나서서 훼손시키는 모순적인 상황이 발생한다. 이와 같기에 윤리적 고민은 더더욱 중요한 사안이다.

---

11) 엄밀히 따지면 위의 논증은 윤리를 공동체의 필요성에서 생겨난 산물로 규정하는 것은 아니다. 다만 윤리가 공동체의 필요성에 부합하는 역할을 한다고 주장하는 것이고, 그리고 거기서 윤리의 중요성이 나온다고 논증하는 것이다.

12) 「대한민국 헌법」 제10조 (1988. 2. 25. 시행) "모든 국민은 인간으로서의 존엄과 가치를 가지며, 행복을 추구할 권리를 가진다. 국가는 개인이 가지는 불가침의 기본적 인권을 확인하고 이를 보장할 의무를 진다."

앞서 설명한 내용은 군이라는 집단 전체가 왜 윤리적인 고민을 할 수밖에 없는지에 관한 것이었다. 그렇다면 군을 구성하는 개개인의 군인의 경우에는 어떠할까? 여기에도 비슷한 논리가 적용된다고 생각한다. 두 가지 논거를 들 수 있다. 첫 번째로, 군은 상명하복이 강한 조직으로 지휘자 혹은 선임이 하는 명령이 타인에게 큰 영향을 미친다. 따라서 명령을 하는 자가 윤리적인 고민을 하지 않으면 그 명령을 받는 자는 난처한 상황에 처하거나 피해를 받는 경우가 많다. 두 번째로, 집단의 행위 또한 결국 개인의 행위로부터 출발한다. 그렇기에 집단이 해야 할 윤리적 고민을 그 집단의 구성원도 완전히 피할 수는 없다. 이 두 가지 이유를 고려하면 군을 구성하는 사람들 또한 윤리적 고민이 필수가 된다.

그리고 한 가지 덧붙이자면, 군의 윤리적 건전성이 군의 전투력을 강화하는 데 필수적인 요소가 된다는 점도 군에게 윤리적 문제가 중요하다는 이유가 될 것이다. 동양의 『손자병법』 등에서는 일찍이 인의(仁義)의 법도와 군율이 전쟁에서 얼마나 중요한지 강조한 바 있다. 현대전에서 미군의 베트남전 경험은 윤리적으로 실패한 군대는 전쟁에서 이기기 힘들다는 극명한 사례였다. 비록, 이 장에서 윤리를 '쓸모' 측면으로만 보지 말 것을 주장하였지만, 이와 같은 부분은 서두에서 문제 삼았던 윤리의 쓸모 측면에 대한 직접적인 대답이 될 것이다.

제2장 우리 군과 군대윤리

1. 왜 군대윤리를 말하는가?

우리 군에 군대윤리가 처음 소개된 것은 1980년대 초로 추정된다. 육군사관학교 철학과 교수진이 군대윤리 과목을 군사학과목으로 개설한 것이 그맘때쯤이다. 하지만, 그 이후 군대윤리 교육은 각 군 사관학교와 최근 일부 대학교 군사학과에서만 실시되었고 여타 장병 양성과정이나 야전 현장에서는 군대윤리가 정규과목으로 교육된 적이 없었다. 또 2004년에는 국방부에서 『군대윤리』라는 책자를 발간하였지만,[13] 제목과 달리 군대윤리 분야의 주된 주제들은 거의 다루어지지 않았고 이 역시 야전에서 적극적으로 활용되지는 못했다.

우리 군이 본격적으로 윤리 문제에 주목하며 군대윤리를 거론하게 된 것은 2014년 즈음이다. 당시 전 국민을 충격에 빠뜨린 A사단 총기난사 사건과 B사단의 일명 '윤일병 사망 사건'이 발생하고,[14] 굵직한

---

13) 국방부, 『군대윤리: 직업군인의 가치관』, 국방부, 2004.

14) A사단 총기 난사사건은 2014년 6월 강원도 동부전선 GOP에서 아군 초병 임 모 병장이 수류탄 1발을 던지고 K-2소총 10여 발을 난사해 부사관과 병사 5명이 숨지고 7명이 중경상을 입은 사고이다.
B사단 윤일병 사망사건은 2014년 4월, 육군 A사단 예하 포병대 의무대 소속의 윤 모 일병이 선임병들에 의한 구타와 가혹행위로 사망한 사건이다. 윤일병은 사고 이전 4개월여에 걸쳐 지속적인 구타와 더불어 끔찍한 가혹행위를 당하였던 것으

방산비리 사건이 연이어 터지면서 군에 대한 국민의 신뢰는 땅에 떨어지게 되었다.[15] 국방부는 '민관군 병영문화혁신 위원회'를 출범시키고 22개 병영문화혁신 과제를 선정하였는데, 이 중 〈기강이 확립된 강한 병영〉이란 대과제 아래 "군대윤리 및 리더십 교육 강화로 올바른 군인가치관 확립"이란 세부과제에 군대윤리 교육을 포함하기에 이른다.[16] 이를 계기로 우리 군은 비로소 군대윤리 교육을 전군 차원으로 확대하게 되었다.

그런데 과거를 돌이켜보면, 우리 군이 마주한 현재의 문제들은 새삼 특별한 것이 아니다. 1980년대 초 F-20 전투기 비리, 1993년 율곡비리, 2000년 백두·금강 정찰기 도입사업 비리(일명 '린다 김 사건') 등이 계속 이어졌으며,[17] 1994년 후방 C사단 초급장교 무장탈영 사건, 1998년 D특전여단 동사사고, 2005년 F훈련소 인분 사건과 000GP 총기난사 사건 등이 터져 그때마다 군이 홍역을 치른 적이 있었다. 이런 일을 겪을 때마다 우리 군은 개선책을 제시하고 새로운

로 드러났으며, 그 행위의 비인간적이고 잔혹함은 전 국민을 충격에 빠뜨리기에 충분하였다.

15) 방산비리 사건은 지난 2014년 11월 정부가 방산비리 합동수사단을 출범시키고 약 1년간 방사청 등에 대한 광범위한 수사를 통해 적발한 사건을 말한다. 수사 결과 최초 발표된 비리 규모는 수천억 원대에 달하며, 기소된 장성 및 관계자가 수십 명에 이르는 등 국민의 군에 대한 신뢰를 크게 떨어뜨린 대형 비리사건이었다.

16) 구창환, "민관군 병영문화혁신위원회 권고안 전문: 정예화된 선진강군 육성 위한 22개 과제 국방부에 권고", UPKOREA, 2014. 12. 19. (http://www.upkorea.net/news/articleView.html?idxno=36340 : 2017. 5. 29. 검색)

17) 박소연, "'율곡비리'와 '린다김', '통영함'까지…역대 방산비리", 머니투데이 인터넷판, 2015. 3. 10. (http://news.mt.co.kr/mtview.php?no= 2015030908437648855 : 2017. 5. 29. 검색)

제도를 마련하는 등 다양한 방법으로 문제를 해결하려 노력하여 왔다. 그럼에도 불구하고 유사한 사건들이 계속 반복하고 있다는 점에서 문제의 심각성을 재인식하고, 보다 근본적인 차원에서 윤리 논의를 시작하게 되었다는 점에서 큰 의의가 있다고 본다.

만일, 최근에 제기된 군대윤리 논의가 단지 효율적인 부대관리나 사고예방의 차원에서 동원되는 수단 정도로 인식된다면 이는 본지(本旨)에서 벗어난 것이다. 또 다른 부대관리 기법과 사고예방 방법을 동원하는 방식은 겉으로 드러나는 현상만 해결하려는 대증요법 형태의 처방에 불과하다는 비판을 면하기 힘들 것이다.[18] 오히려 우리 군은 오랜 세월 동안 부대관리와 사고예방 노력에 많은 인력과 시간과 재원을 빼앗겨 왔다. 그럼에도 불구하고 여전히 문제가 해결될 기미가 보이지 않는다는 것이 솔직한 반성일 것이다. 따라서 이제는 방법론적 차원에서 해결되지 않는 이면(裏面)의 근본적인 데서 원인을 찾는 것이 타당할 것이다.

군대윤리를 수단적 차원에서 활용할 수도 있겠지만,[19] 그보다는 더욱 중요한 이유와 의미가 있다고 본다. 다음 절에서 좀 더 자세히

18) 군의 혁신노력의 미진함에 대한 비판은 언론을 통해 자주 언급되곤 하였다. 서울신문의 경우 2015년 8월부터 12월까지 「신뢰받는 군을 위하여」라는 제목으로 군의 혁신과 관련한 총 19개의 주제를 다룬 바 있다. 관련 기사목록은 아래 출처에서 확인할 수 있다. (http://search.seoul.co.kr/index.php?keyword=신뢰받는%20군을%20위하여&pageNum=1 : 2017. 6. 4. 검색)

19) 미군의 베트남전 경험에서 알 수 있듯이 군의 윤리적 건전성은 군의 전투력에 직결된다. 그러나 이런 의미에서 군대윤리를 수단적 차원으로 보는 것과 단순히 부대관리나 사고예방의 수단으로 인식하는 것에는 거리가 있다고 본다. 전자는 필수적 조건으로 인식하는 것이고, 후자는 임시변통적 수단으로 보는 것에 머물 가능성이 크기 때문이다.

다루겠지만, 군대윤리 논의 속에서 우리 군 구성원들이 공유할 신념과 가치는 군의 존립 이유와 목적에 대한 근본적 토대를 제공해 줄 것이기 때문이다. 바로 이 부분이 우리가 군대윤리를 말하려는 근원적인 이유와 목적이 되어야 할 것이다.

2. 우리는 어디에 있는가?

어떤 문제 앞에서 우리가 무엇을 어떻게 할 것인가를 먼저 묻는 것은 순서가 뒤바뀐 성급한 반응이다. 왜냐하면 우리의 문제가 어떤 도상(途上)에 있는지 모르면, 어디에서부터 시작해서 어디로 가야할지 모를 것이기 때문이다. 우리 군의 군대윤리 논의가 발전적으로 확산되고 성장하려면 우리 시대가, 우리 사회가, 우리 군이 어디에 있는지 가늠해 보는 것이 우선이다.

먼저, 우리나라는 시대적 종언을 고한 이데올로기 대립 속에 갇혀 여전히 분단 상태로 남아있는 세계 유일의 국가이다. 북한 김정은 정권은 핵개발 야욕을 그치지 않으며 안보 위협을 가중시키고 있다. 또한 우리나라를 둘러싼 4대 강국의 국제정세도 더욱 급변하고 있으며 그에 따른 어려운 난제들을 우리에게 던져주고 있다. 이런 와중에 우리 군은 최근까지 고질적인 악성 사고와 방산비리를 반복했으며, 또 최근에 부모 동의를 받아가며 훈련을 시켰다는 부끄러운 일까지 밝혀져 큰 물의를 일으킨 바 있다.[20]

20) 이하린, "軍, 지뢰제거 작전 위해 '부모 동의서' 받아 논란", YTN 인터넷판, 2017. 3.

물론, 우리 군의 윤리적 문제를 오로지 우리 군만의 문제로 국한해서 볼 수는 없다. 존 하키트(John Hackett)는 다음과 같이 말한 바 있다.

> "한 국가가 그 나라의 군대를 들여다볼 때 그것은 거울을 들여다보는 것과 같으며, 그 거울은 진짜 거울이며, 그 거울에 나타나는 얼굴 모습은 그 나라 자신의 얼굴 모습이다."[21)]

존 하키트의 말을 빌려 생각해 보자면, 우리 군에 새로 유입되는 젊은이들이 자라온 윤리적 환경이 어떠한지, 우리 군을 둘러싼 우리 사회의 윤리적 토양이 어떠한지 살펴보지 않을 수 없다.

그렇다면, 우리 사회의 윤리적 현실은 어떠한가? 2016년도 국제투명성기구가 세계 176개국을 대상으로 조사한 부패인식지수(CPI 2016: Corruption Perception Index 2016)에서 우리나라는 100점 만점에 53점을 얻어 전체 52위에 머물렀다.[22)] 이는 매년 실시된 같은 조사에서 우리나라가 받은 역대 최악의 결과였다.

우리 사회의 윤리적 실태를 엿볼 수 있는 또 다른 지표는 한국투명성기구에서 발표한 「대한민국의 청렴성과 부패: 청소년들은 어떻게 생각하는가?」란 연구조사 결과이다.[23)] 이 연구조사에서 "정직함을

---

29. (http://www.ytn.co.kr/_ln/0101_201703291924074084 : 2017. 5. 29. 검색)

21) 존 하키트, 이재호 · 서석봉 옮김, 『전문직업군』, 한원출판사, 1989. 167쪽.

22) Transparency International, "CPI 2016", 2016. (https://www.transparency.org/news/feature/corruption_perceptions _index_2016. : 2017. 5. 26. 검색)

23) 한국투명성기구, 「대한민국의 청렴성과 부패: 청소년들은 어떻게 생각하는가?」, 한국투명성기구, 2013.

유지하는 것보다 부자가 되는 것이 더 중요한가?"라는 질문에 31세 이상 성인의 경우 31%가, 30세 이하 청소년의 경우에는 40%가 그렇다고 답하였다.[24] 우리 사회의 윤리의식 측면에서 젊은 세대가 기성세대보다 더 안 좋은 결과를 보인 것이다.

한편 2013년 우리나라 10대 청소년의 도덕성에 대한 중앙일보 조사 결과에서도 유사한 결과가 나타나 주목된다.[25] 전국 16개 시 · 도 중학생(2,171명), 교사(232명), 학부모(353명)를 표본 조사한 이 연구 결과에서 총 10개 조사항목(각 항목당 100점 만점) 중 제일 낮은 점수를 보인 정직(61.7점) 항목을 포함한 5개 항목이 70점 미만으로 나타났고, 전체 평균 점수는 69.8점에 머물렀다. 이 중 인성이 미흡한 수준으로 평가받은 학생은 절반에 가까운 45.6%에 이르렀다.

이 밖에도 우리는 매일같이 상상초월의 비인간적 범죄, 학생들 사이의 왕따 현상, 세계 최고의 자살률(11년째 OECD 자살률 1위)[26] 등

24) 한국투명성기구(2013. 8).
한편, 2015년도에 실시한 동일한 주제의 조사에서도 거의 비슷한 수준의 결과가 나타난 것으로 확인된다. 이에 관해서는 이상학, 「청소년 청렴의식 조사 결과와 청렴성 증진」, 한국투명성기구, 2017. 참조. (http://www.ti.or.kr/xe/board_oKbG36/82291 : 2017. 5. 26. 검색)

25) 이하 내용들은 아래 중앙일보 특집기사를 참조할 것.
중앙일보 특별취재팀, "정직 · 배려 · 자기조절 부족 … 중학생들 '사람됨의 위기'", 중앙일보 인터넷판, 2013. 9. 23. (http://news.joins.com/article/12654736 : 2017. 5. 26. 검색)
중앙일보 특별취재팀, "인성 좋은 학생 5명 중 1명꼴 … 45%가 '기준 미달'", 중앙일보 인터넷판, 2013. 9. 23. (http://news.joins.com/article/12654726) 2017. 5. 26. 검색.

26) 유태영 · 남혜정, "자살률 1위 우울한 한국… '안전망' 절실", 세계일보 인터넷판, 2016. 2. 2. (http://www.segye.com/newsView/ 20160202003880 : 2017. 5. 26. 검색)

과 같은 끔찍한 뉴스를 접하고 있다.[27)]

젊은 세대들의 윤리의식에 문제가 있는 것은 단지 그들만의 문제는 아니다. 기성세대들의 윤리적 태도의 영향과 기성세대들이 만들어 낸 환경 속에서 자란 결과가 젊은 세대들에게 반영된 탓이 크기 때문이다. 유념해야 할 것은 기성세대와 젊은 세대의 성장환경의 차이가 세계를 바라보고 판단하는 인식경험과 가치판단의 차이를 가져온다는 점이다. 이른바 지금의 '세대차'라는 것은 이전과는 비교하기 힘든 뚜렷한 가치관의 차이를 보여주는 것이기 때문이다.[28)]

우리 사회와 군 내부의 문제와 더불어 우리 시대에 마주하고 있는 세계적 조류 또한 도외시할 수 없다. '세계화'라는 말이 함축하듯이 세계적 관계망이 더욱 밀접해지고 있는 시대에 우리 사회와 군이 세계적 변화 흐름을 정확히 파악하여 대응하지 못하면, 구한말의 전철(前轍)을 밟지 않으리라는 보장이 없을 것이다. 탈근대라 불리는 근대 이후의 시대가 드러내는 기존과는 다른 사상, 문화의 변화, 알파고로 상징되는 21세기 최첨단 기술 시대의 도래에 따른 충격파, 전 지구적 경제, 안보, 환경 문제 등이 복잡하게 얽히는 복합성 등은 미래 시대를 매우 유동적으로 만들고 있다. 이와 같은 거시적 흐름에 대한 고

27) 각주 22의 내용부터 본 문단까지 한국투명성기구 조사 결과와 중앙일보 특집기사 내용은 아래 연구보고서 내용을 참고하여 일부 보완하였다. 조은영, 「군 리더의 도덕교육 발전방향에 대한 연구」, 화랑대연구소, 2013. 10~14쪽.

28) 참고로 육군의 복무신조에 대한 가치인식에 대한 연구에서 신분별, 계급별, 세대별 변인 분석에서 가장 큰 변인은 세대차로 확인된 바 있다. 이에 관해서는 김인수 · 조은영, "Disparity in Conformity to Soldier's Creed in the Republic of Korea Army", ISUC-2016 참조.

려 없이 우리만의 문제에 골몰하는 것은 우물 안 개구리 격의 방향성 없는 헛수고에 머물 수도 있다.

따라서 우리가 어디에 있는지 알려면, 군이 마주하고 있는 안보현실, 우리 군 내부 윤리적 실태와 우리 사회의 윤리적 환경, 우리 군 구성원들이 가지고 있는 윤리의식의 세대적 특성, 탈근대적 미래사회로 나아가는 시대 흐름 등을 복합적 · 장기적 · 근본적인 자세로 종횡으로 정밀하게 살피는 작업이 이루어져야 할 것이다.

3. 윤리를 통한 변화란?

국민의 신뢰를 잃은 군대는 존립할 근거를 잃은 군대라는 점에서, 군이 처한 현재 상황은 심각한 위기상황이라고 하지 않을 수 없다. 우리 군은 진정으로 변화 필요성을 인식하고, 제대로 된 혁신을 시도해야 할 것이다. 이때 '혁신', 즉 새로운 변화는 어떤 변화를 말하는 것인가? 윤리 논의는 '변화'를 논함에 있어 어떤 의미를 가질까?

'변화'의 의미에 관해 2013년 개봉한 봉준호 감독의 영화 「설국열차」는 우리에게 흥미로운 메타포를 던져준다. 영화는 2031년 빙하기가 도래하며 윌포드란 인물이 설계한 전 세계 순환 열차에 탑승한 사람들만 생존하는 디스토피아적 미래 세계를 배경으로 한다. 열차 앞 칸으로 갈수록 부유한 자들이 유복한 삶을 누리고 끝 칸으로 갈수록 하층민들이 근근이 살아간다. 끝 칸의 지도자였던 커티스가 앞 칸으로의 혁명적 전진을 통해 불평등하고 비인간적인 열차 속 위계를 타파하려 한다. 그러나 마지막 앞 칸까지 도달하여 윌포드를 만난 커티스는 마침 열차 속 인구가 과잉되어 조절할 필요가 있었던 차에 커티스의 혁명을 통해 많은 이들이 죽게 되어 문제가 자연스럽게 해결되었다는 윌포드의 말에 경악하게 된다.

영화 속 주요 등장인물들은 흥미로운 글귀로 요약된다. 윌포드의 충복인 메이슨은 "윌포드를 숭배하라!", 커티스는 "우리는 엔진의 노예가 아니다!", 그리고 커티스의 조력자였던 남궁민수는 "나는 닫힌 문을 열고 싶다."이다. 메이슨은 윌포드가 구축한 체제를 지키려는 자이다. 커티스는 체제 타파를 꿈꾸며 앞 칸으로의 전진을 외쳤지만, 결국 체제에 이바지하는 결과에 절망하고 만다. 그는 엔진의 노예이기를 거부했지만, 엔진을 위해 일한 사람이 되고 말았다. 반면, 남궁민수는 열차 밖으로 나가자고 지속적으로 설득한다. 요약하면 이 세 사람은 각각 변화를 거부하고 현재의 이득을 누리며 현재를 고수하려는 자, 변화를 외쳤지만 결과적으로 체제 안에 머무는 자, 체제 밖으로 나가는 것이 진정한 변화라고 고군분투하는 자로 분류할 수 있다. 그렇다면, 우리 군이 외치는 변화, 우리 군이 요구받는 변화는 어떤 유형인가? 메이슨인가, 커티스인가, 남궁민수인가? 우리 군이 추구해야 할 변화는 어떠한 유형인지 어떤 기준에 의거해 판단할 수 있을까?

그 기준은 무엇보다 우리 군 본연의 존재 이유와 목적에 부합할 뿐 아니라, 그러한 목적을 최대한 '잘'(well) 그리고 '올바르게'(rightly) 발휘할 수 있는 기능과 능력 측면에도 유효한 것이어야 할 것이다. 그런 점에서 우리 군에 문제를 발생시키는 요인들을 분석하고, 그것을 혁신하는 기준은 다음과 같은 질문들에 답할 수 있어야 한다고

본다.[29]

첫째, 국가방위라는 군 고유의 목적과 의무에 충실한 것인가? 그것과는 별 상관없는 부차적인 것인가?

둘째, 우리 군이 지향해야 할 군 전문직업주의 입장에서 볼 때 타당하고 필요한 것인가? 전문직업주의와 동떨어진 불필요한 것인가?

셋째, 우리 군 구성원들이 공유하고 함께 지향해야 할 가치관에 부합한 것인가? 불필요한 관행이나 폐습인가? 특히 민주주의를 수호하는 국민의 군대로서 민주주의적 가치를 근본적 가치로서 숭상하고, 그에 따라 군을 발전시키는 데 부합하는가?

우리 군에서 드러난 여러 문제들이 위 질문들에 입각해서 보아 군 본연의 모습에서 많이 벗어난 데서 기원한 것이라면, 기존의 방식과 태도를 반복하거나 기존 틀 안에서 일부 개선하는 정도로는 부족한 것이 아닐까?

위와 같은 점에서 군대윤리 논의가 중요한 의미를 가진다고 본다. 윤리 논의는 우리 군과 군 구성원들의 근본적인 인식과 가치관을 문제 삼는 차원의 것이기 때문이다. 이와 관련하여 문화 연구자들의 연구에 주목할 필요가 있다. 에드가 샤인(Edgar H. Schein)의 경우 문화를 '인공물(artifacts) – 표방하는 가치(espoused values) – 기본적 가설(underlying assumptions)'의 세 층으로 나눈다. 이 중 가장 심층의 기본적 가정과 신념은 같은 집단 속에 있는 구성원들이 오랜 시

29) 아래의 질문들은 이 책 전체에서 전망하고 있는 우리 군의 바람직한 모습에 대한 견해를 반영하고 있다.

간을 통해 형성한 공통적인 집단정신으로서 구성원들의 사고와 행동양식의 기준으로 작동한다. 이는 무언가를 당연시 여기는 관념으로서 문화의 본질을 이룬다고 본다.[30]

호프스테트(Geert Hofstede)는 문화를 같은 집단 혹은 범주내 사람들이 독특하게 공유하는 "정신 프로그램(소프트웨어)"으로 설명한다. 그러면서 이 정신 프로그램의 가장 저변에 가치가 자리 잡게 되는데, 이 가치를 중심으로 같은 문화의 구성원들은 하나의 "도덕권(moral circle)"을 형성하며 "우리 집단(our group)"이라는 인식을 갖게 된다고 본다.[31]

이들 학자들의 견해에 다소간의 차이는 있지만, 주목할 공통점은 문화 공동체의 가장 심층에 일종의 윤리의식과 가치인식이 자리 잡고 있다고 보는 점이다. 따라서 윤리 문제에 초점을 맞추어 변화를 모색한다는 것은 우리 군 구성원들 심층에 자리하고 있는 기본 가정과 신념, 무언가를 당연시하는 기준과 가치 인식을 재검토하고 이를 변화시키기 위한 근본적인 접근을 시도하겠다는 의미를 가진다. 즉, 표층의 제도나 방법적 개선이 아닌, 우리 군 문화 심층의 본질적 인식과 의식에 대한 비판적 검토에서 출발한다는 뜻이다. 이와 같은 점에서 군대윤리 논의는 근본적이며, 기존과는 다른 새로운 변화노력의 일환으로 이해하고 접근해야 할 것이다.[32] 특히 앞서 제시한 3가지 질문

30) E. H. Schein, 김세영 역, 『조직문화와 리더십』, 교보문고, 1990. 31～32쪽.
31) Geert Hofstede · Geert Jan Hofstede · Michael Minkov, 차재호 · 나은영 공역, 『세계의 문화와 조직』, 학지사, 2016. 25～34쪽.
32) 이와 같은 근본적인 변화 노력이 단순히 윤리 논의만으로 완성되지는 않을 것이다. 다양한 사회학적 노력이 병행되어 진행될 때 구체적이고 실질적인 결과를 낳을 것

을 바탕으로 우리 군 문화의 심층을 분석할 때, 우리는 커티스 형의 개선이든 남궁민수 형의 혁신에서든 보다 근본적인 변화를 추구할 수 있으리라 기대한다.

이다. 이는 많은 시간과 노력이 필요한 일이겠지만, 그간 반복되어 누적되어 왔던 '변화하지 않았던 시간'보다는 짧은 시간이 소요될 것이며 훨씬 모험을 걸어볼 만한 일이리라 믿는다.

제3장 군대윤리란 무엇인가?

1. 군대윤리 성립 배경과 방향

군사(軍事) 부문에서 군대윤리가 본격적으로 주목받게 된 시기는 미군의 베트남전 이후로 알려져 있다. 미군은 베트남전에서 실패한 경험을 통해 군의 도덕적 건전성이 전투력 발휘에 지대한 영향을 끼칠 뿐 아니라 군 자체 존재 이유의 이념적 · 사상적 토대가 된다는 것을 뼈저리게 깨닫는다. 이에 따라 미군은 군대윤리를 각 군 사관학교뿐 아니라 야전에서도 교육하게 된다. 최근 미 육군의 경우 기존 ACPME (The Army Center of Excellence for the Professional Military Ethic: 2008년 설립)를 2010년에 새롭게 CAPE(Center for the Army Profession and Ethic)로 개편하여 군대윤리 교육을 더욱 강화하고 체계화하고 있다.[33]

앞 장에서 언급했듯이 우리 군은 1980년대 초 사관학교에서부터 군대윤리를 교육하였지만, 2014년에 이르러서야 전군 차원으로 교육이 확대되고 관심이 높아지게 되었다. 비록 전군 차원으로 군대윤리 교육을 확대하였지만, 관련 연구 · 교육 인력을 확충하고, 각종 기반

---

33) "History of CAPE" (http://cape.army.mil/history.php : 2017. 6. 3. 검색)

시설과 제도를 마련하는 데에는 더 많은 시간이 필요할 것이다. 무엇보다 왜 우리 군에 군대윤리 논의가 필요한지, 왜 군대윤리가 중요한지 등에 관한 담론이 확산되고 그와 관련한 저변 인식이 변화되는 것이 중요하다.

2. 군대윤리 개념

군대윤리란 무엇인가? 군대윤리 개념을 이해하기 위해서는 두 용어, 즉 '군(대)(military)'과 '윤리(ethics)'라는 말의 조합으로 군대윤리라는 개념어가 성립한다는 데에서 출발하는 것이 좋겠다. 기본적으로 군대윤리는 가치, 행동, 태도에 관한 규범체계를 연구하는 '윤리' 논의가 핵을 이루는 윤리학의 일종이다. 다만, 'military'라는 특정한 영역을 중심으로 논의되는 윤리라는 점에서 특수성을 띤다.

'military'라는 영역은 1차적으로 군에 종사하는 사람들과 그들이 핵심적으로 담당하는 전쟁과 관련된 일을 대상으로 한다고 이해할 수 있다. 그러나 군과 전쟁의 성격 변화에 따라 제반 민간분야와 군의 상관성이 높아지는 점을 고려한다면, 'military'라는 영역이 비단 군에 종사하는 사람들과 전쟁의 영역으로 국한되지 않고 그와 관련된 다양한 것들이 상호연관성을 갖고 포함될 수 있는 광범위한 것이라고 이해할 수 있다. 따라서 'military'를 '군', 혹은 '군대'라는 명사보다는 '군의' 또는 '군과 관계된'이라는 형용사의 의미로 풀이하는 것이 바람직할 것이다.[34]

위와 같은 기초적인 이해 위에서 볼 때, 군대윤리는 좁게 보면 군에 종사하는 사람들의 가치, 행동, 태도의 규범체계라고 정의할 수 있다.[35] 이를 좀 더 확장하면 군이라는 영역과 관계된 제반 사람들과 일에 관한 윤리문제를 다루는 응용윤리이며 특수윤리라고 할 수 있다.

3. 군대윤리는 무엇을 다루는가?

군대윤리는 주로 무엇을 다루는가? 앞서 군대윤리 개념을 검토한 데서 알 수 있듯이 '군이라는 영역과 관계된 제반 사람들과 일에 관한' 내용이 주요 대상이 되리라는 점은 쉽게 추측할 수 있을 것이다. 물론, 어떤 측면에서 접근할지, 어떤 범주를 중심으로 분류할 것인지에 따라 세부적인 논의는 다양할 수 있을 것이다. 다만, 아래에는 국방부에서 발간한 『간부용 군대윤리』[36] 교재에서 분류한 내용을 중심으로 간략히 정리해 보았다.[37]

군대윤리에서 다루는 주요 내용으로 꼽을 수 있는 첫 번째는 군이 담당하는 고유한 영역인 전쟁과 관련된 전쟁윤리 문제이다. 이는 '전

---

34) 다만, 우리 환경에서 'military ethics'가 '군대윤리'라는 번역어로 오랜 시간 동안 사용되어 정착된 만큼 그를 대체하는 새로운 개념어를 쓰는 것은 당장에는 어려운 일일 것이다.

35) 조승옥 외, 『군대윤리』, 집문당, 2010, 18쪽.

36) 국방부, 『간부용 군대윤리』, 국방부, 2016.

37) 2014년 군에서 군대윤리 논의가 진행되면서, 해당 연구에 참여했던 필자는 다른 연구자와 함께 기존 사관학교 교육에서 이루어져왔던 논의들을 중심으로 군대윤리 내용을 구성할 것을 제안하였고, 그것이 수용되어 국방부 『간부용 군대윤리』 교재에도 반영할 수 있었다. 그 내용은 전쟁윤리, 직업윤리, 리더윤리 세 부분으로 구성되었다. 이 내용들은 2부 사례연구에서 각 장의 주요 주제로 다룰 것이다.

쟁과 평화의 도덕' 혹은 '전쟁도덕'으로 불리기도 한다. 세부적으로 전쟁과 관련하여 전쟁 자체의 정당성 문제를 다루는 '전쟁의 도덕(jus ad bellum: morality of war)'과 전쟁 속으로 들어가 그 안에서 벌어지는 다양한 상황들에 대한 윤리적 문제를 검토하는 '전시도덕(jus in bello: morality in war: 전쟁 속에서의 도덕)'으로 나뉜다.[38] 이 두 가지는 전쟁윤리의 핵심내용이 된다. 전쟁윤리는 전통적으로 군대윤리에서 가장 대표적인 주제로 다루어지고 있다. 그리고 본서에서는 최근에 주목받고 있는 전쟁 종결 후의 도덕문제를 다루는 전후도덕(jus post bellum: morality of post-war: 전쟁 종결 후의 도덕) 논의도 추가하였다.[39]

두 번째로 군이라는 직업의 특수성에 기초한 규범체계와 윤리적 문제를 접근하는 것이 가능하다. 이는 직업윤리로서 군대윤리를 다루는 방식이다. 군 직업윤리에서는 모사회(母社會)인 국가사회 안에서 군이 갖는 특수성을 이해하고, 그에 따라 군이 가져야 할 직업적 가치와 윤리적 규범을 다루게 된다.

서구 선진국의 역사적 사례에서 드러나듯이, 민주사회의 군대는 국

---

38) 조승옥 외(2010)에서는 'morality of war'를 '전쟁도덕'으로, morality in war를 '전시도덕'으로 번역하였다. 이 중 'morality of war'를 '전쟁도덕'으로 번역한 경우 전쟁과 관련한 도덕적 논의를 총칭하는 전쟁도덕(전쟁과 평화의 도덕)과 같은 번역어를 쓰기 때문에 혼란의 소지가 있다. 따라서 이를 '전쟁의 도덕'으로 고쳐 써보았고, '전시도덕'도 명확한 이해를 위해 '전쟁 속에서의 도덕'으로 부연해 보았다.

39) 상대적으로 '전쟁과 평화의 도덕' 부분에서 평화에 대한 논의는 부족한 편이다. 그러나 전쟁과 평화가 상호 연계되어 있다는 점과 평화에 대한 가치관에 따라 전쟁에 대한 윤리적 태도 또한 새롭게 구성될 수 있다는 점 등을 감안해 보면, 군대윤리에서 평화 문제에 대한 연구가 더욱 발전되어야 한다고 본다.

가와 국민의 통제 아래 군 고유의 영역에서 전문성을 발휘하고 사회적 책임을 다할 것을 요구받는 군 전문직업주의(military professsionalism)[40]를 정착시키고 있다. 따라서 이 부분은 전문직업군에 관련한 직업윤리적 논의가 주요 내용이 된다.

세 번째로 군 구성원 개인에게 초점을 맞추면 군대윤리는 리더십과 관련된 리더윤리로 다루어질 수 있다. 여기서는 전문직업군의 일원으로서 각자가 갖추어야 할 인격과 자질, 공통의 가치와 윤리적 태도 등이 주요 내용이 된다.

이상의 전쟁윤리, 군 직업윤리, 리더윤리는 군(대)이라는 주체 측면에서 보면, '국제사회'에서 군이 마주치는 윤리적 문제로 전쟁을 다루는 전쟁윤리, '국가사회' 안에서 군이 가져야 할 윤리적 특성과 규범을 문제 삼는 군 직업윤리, 그리고 '군대사회' 안에서 군 구성원의 일원으로서 군인이 개인 차원에서 가져야 할 윤리적 가치나 덕목, 태도 등에 관련한 리더윤리라는 범주화가 가능하다.

---

40) 군인을 전문직업으로 볼 때 신분상 범위는 어디까지 보아야 할까? 현재 미 육군의 경우 병사뿐 아니라 군무원까지 포함한 개념으로 2015년에 『Army Profession』을 수정하여 발간한 바 있다. 우리 군도 장기적으로는 모든 군 구성원을 전문직업군의 일원으로 보는 것이 바람직하겠지만, 현재 우리 군의 상황을 고려하여 장교단을 전문직업군의 근간으로 하여 부사관단을 포괄하면서 점차 외연을 확장하는 것이 적절하다고 본다. 따라서 본 책에서는 장교직을 전문직업으로 간주하여 집필하였음을 밝힌다.

4. 군대윤리는 어떻게 가르칠 것인가?

1) 도덕성 구성요소에 대한 통합적 접근[41)]

윤리교육을 개인 차원에 초점을 맞추게 되면, 개인의 도덕성(혹은 윤리의식) 확립이 주된 관심이 된다. 이때 도덕성이 정확히 무엇을 말하는지, 어떻게 구성되는지에 대해서는 여러 견해가 있지만, 보통 도덕적 사고[또는 인지(認知)], 도덕적 감정[또는 정의(情意), 정서(情緖)], 도덕적 행동이라는 세 가지로 구성된다고 설명한다.

도덕적 사고는 어떤 상황을 만났을 때 거기에 내재된 윤리적 문제들이 무엇인지 인지하고, 그와 관련된 윤리적 기준들과 지식들을 이해하고, 최종적으로 어떤 선택이 윤리적으로 더 옳은 것인지 추론하고 판단하는 것 등을 말한다.

도덕적 감정은 윤리적 상황 속에서 양심이나 정의감에 따라 정서적으로 민감하게 반응하고, 관련된 일과 사람들에게 감정이입하고 공감하며, 자기통제나 겸양과 같은 도덕적으로 바람직한 정서적 태도를 유지하는 것 등을 말한다.

---

41) 도덕교육에서 통합적 접근은 도덕성 구성요소에 대한 것만 말하는 것은 아니다. 발달(development)과 사회화(socialization), 자율성과 내면화, 개인과 공동체 등 도덕교육의 방법론이나 대상에 대한 양단의 요소들을 대립관계로 보거나 어느 일방만 추구하는 데서 벗어나 통합해서 보는 것이 바람직하다는 입장이다. 다만, 본 책에서는 개인 차원에서 도덕성 요소에 대한 것만 논하는 것으로 소략하게 정리하였다. 도덕교육의 통합적 접근에 대해서는 박병기 · 추병완, 『윤리학과 도덕교육』, 개정증보판, 인간사랑, 2011을 참고할 것.

도덕적 행동은 올바른 판단에 기초하여 실천하려는 의지에 따라 행위로 옮기는 것을 말하며, 도덕적 습관을 통해 행동능력을 갖추는 것을 중요시한다.

그러나 일반적으로 도덕적인 문제를 인지하고, 해당 상황에 대한 적절한 정서적 반응이 일어나도 도덕적 행위로 이어지는 데는 일정한 간격이 있다고 알려져 있다. 즉 윤리적 문제를 인지하고, 해당 상황에 대해 공감하면서도 끝내 행동으로 옮기는 데는 실패하는 경우가 비일비재하다. 따라서 최근에는 도덕성 개념과 자아 개념을 통합하는 '도덕적 정체성' 개념이 강조되고 있다.[42] 즉, 윤리적 지식과 정서적 반응이 자신의 삶의 태도와 기준이 되기까지 정체성 차원으로 내면화되도록 고양되어야 도덕적 행동으로까지 자연스럽게 이어진다는 것이다. 따라서 윤리교육은 도덕적 사고, 감정, 행동 측면에 대한 각각의 교육방법들을 아우르는 통합적 교육을 통해 한 개인의 정체성 혹은 인격 차원으로 승화될 수 있도록 해야 한다.[43]

2) 이중의 노력: 개인 차원과 집단 차원

앞 절에서 군대윤리 교육이 윤리교육의 통합적 접근을 통해 이루

---

42) 정창우, 「道德敎育의 統合的 接近法으로서 構成主義的 人格敎育에 관한 硏究」, 『道德敎育硏究』, 제15권 1호, 한국도덕교육학회, 2003. 106쪽.

43) 통합적 윤리교육을 주장하는 대표적인 학자로는 레스트(James. R. Rest)나 리코나(T. Lickona) 등이 있다. 아래 표 내용은 James R. Rest · Darcia Naváez, 문용린 외 옮김, 『전문직업인의 윤리발달과 교육』, 학지사, 2006. 58쪽. 표1-7. 및 박병기 · 추병완(2011, 184~185) 및 10장 참조.

어져야 한다는 점을 간략히 살펴보았다. 그런데, 우리가 윤리교육에서 간과해서는 안 될 점은 윤리교육이 개인의 도덕성을 기르는 개인 차원의 접근으로 충분하지 않다는 점이다. 개인이 아무리 건전한 도덕성을 갖추고 있다 할지라도 그를 둘러싼 집단과 환경이 부정적인 여건을 만들 경우 개인이 그것을 극복하고 개인의 도덕적 판단과 결심에 따라 행동하기는 극히 어렵기 때문이다.[44] 따라서 윤리교육과

레스트의 견해	
요소	내용 요약
도덕감수성 (도덕적 민감성)	상황의 해석
도덕판단력 (도덕적 추론)	특정 행동이 도덕적으로 옳은지 그른지 판단
도덕동기화 (도덕적 동기화)	도덕적 가치를 다른 가치보다 우선시하는 것
도덕적 품성 (도덕적 인격)	마음이 흐트러지지 않고 용기 있게 행동에 옮김

리코나의 견해	
요소	내용 요약
도덕적으로 아는 것	1) 도덕적 인식 2) 도덕적 가치들에 대한 지식 3) 관점 채택 4) 도덕적 추론 5) 의사결정 6) 자기 자신에 대한 지식
도덕적으로 느끼는 것	1) 양심 2) 자기 존중 3) 감정이입 4) 선을 사랑하는 것 5) 자기통제 6) 겸양
도덕적 행동	1) 능력 2) 의지 3)습관

※ 이상의 내용은 국방부(2016) 부록의 각주 51)의 내용을 간추려서 재인용한 것임.

44) 도덕적 · 합리적 한계를 벗어나 권위에 굴복하게 되는 인간 심리에 대해서는 밀그램이 밝힌 바 있으며,(스탠리 밀그램, 정태연 옮김, 『권위에 대한 복종』, 에코리브르, 2009.) 밀그램을 인용하며 조직 내에서 집단 차원의 압력과 그를 극복하는 교육 문제에 대해서는 누스바움의 저서를 참고할 만하다.(마사 C. 누스바움, 우석영

관련한 집단차원의 환경과 여건을 개선하고 심층적으로 문화를 변화시키는 노력이 필수적으로 병행되어야 한다.

집단차원의 노력은 크게 2가지 측면에서 고민할 필요가 있다.

첫째, 집단차원의 윤리 환경 혹은 체제가 개인의 윤리의식을 주조하거나 지배할 수 있다는 점을 이해해야 한다.[45] 이는 바꾸어 말하면, 우리 사회의 도덕적 문제가 순전히 비윤리적 개인의 문제만이 아니라는 점이다. 언제 어디서나 일탈하는 개인이 없을 수는 없겠지만, 거시적 차원의 체제와 주변 환경이 윤리적으로 문제를 내포하고 있을 때 그를 극복할 수 있는 다수의 개인이 출현하기를 기대하기는 더욱 어려운 일이다.

둘째, 집단차원의 윤리와 개인차원의 윤리가 일치하지 않는다는 점을 이해해야 한다.[46] 개인차원에서 정당화되지 않는(혹은 되는) 윤리가 집단차원에서는 용인될 수도(혹은 되지 않을 수도) 있다. 따라서 개인차원의 윤리를 집단차원에 그대로 적용할 수도 없고, 집단차원에서 용인되는 윤리를 개인에게 그대로 강제할 수도 없다.

개인이 모여 공동체 집단을 형성한다는 것을 감안할 때 개인적 윤

옮김, 『학교는 시장이 아니다』, 궁리, 2016.)

45) 사회의 지배적인 체제가 사회 구성원들의 의식적 차원에서 내면화될 때, 그것에 내재한 원리나 속성이 '평범'하게 끔찍한 악을 저지를 수 있는 기재가 될 수 있다는 점은 근대체제 하에서 제2차 세계대전을 겪은 서구 지식인들의 '근대성(modernity; 현대성으로 번역하기도 함)' 비판에서 나타나는 공통적인 반성이다. 이에 대해서는 아래를 참조할 것.
한나 아렌트, 김선욱 옮김, 『예루살렘의 아이히만』, 한길사, 2006.
지그문트 바우만, 정일준 옮김, 『현대성과 홀로코스트』, 새물결, 2013.

46) 이 문제와 관련해서는 다음을 참조할 것. 라인홀드 니버, 이한우 옮김, 『도덕적 인간과 비도덕적 사회』, 문예출판사, 2004.

리와 집단적 윤리가 일치하는 것이 가장 이상적이겠지만, 이것이 상이하거나 충돌할 경우 상호 어떻게 이해하고 수용하며, 향후 발전적으로 개선할 것인가도 중요한 윤리발전의 과제가 될 것이다.

따라서 이상의 것들을 고려할 때, 군대윤리 교육은 개인차원의 도덕성을 통합적 차원에서 접근하여 고양시켜야 할 뿐 아니라, 집단차원에서 군 조직이 어떻게 윤리적으로 조직되고 운영되어야 하는지, 개인과 집단 사이에 상충하는 윤리적 문제들은 어떻게 조화롭게 해명하고, 더 상위의 가치로 함께 수렴될 수 있게 이끌어야 하는지 면밀하게 검토하여 제도화되어야 하며, 지속적으로 비판적인 보완이 이루어져야 할 것이다.

제4장 군대윤리의 토대

1. 국가 이념과 법적 토대

군대윤리는 군(military)이라는 특수성 속에서 성립하는 규범체계를 중심으로 한 특수윤리이자 응용윤리이다. 하지만 군이 아무리 독특한 특성을 갖는다 하더라도 그것이 한정 없이 허용될 수는 없다. 군대사회는 국가사회를 모사회로 하기 때문에 군의 특수성은 국가사회의 이념과 가치를 보편 토대로 삼고 그 안에서 승인되고 용인되는 한에서 의의를 갖는다.

우선, 대한민국 헌법 전문(前文)에서 우리나라는 3.1 운동으로 대표되는 애국 · 독립정신과 민주이념 계승, 평화통일의 사명에 입각한 정의 · 인도 · 동포애를 바탕으로 자유민주주의 질서를 공고히 하고 세계평화와 인류공영에 이바지할 것을 이념으로 표방하고 있다.[47)]

---

47) 「대한민국 헌법」 前文 "유구한 역사와 전통에 빛나는 우리 대한국민은 3 · 1운동으로 건립된 대한민국임시정부의 법통과 불의에 항거한 4 · 19민주이념을 계승하고, 조국의 민주개혁과 평화적 통일의 사명에 입각하여 정의 · 인도와 동포애로써 민족의 단결을 공고히 하고, 모든 사회적 폐습과 불의를 타파하며, 자율과 조화를 바탕으로 자유민주적 기본질서를 더욱 확고히 하여 정치 · 경제 · 사회 · 문화의 모든 영역에 있어서 각인의 기회를 균등히 하고, 능력을 최고도로 발휘하게 하며, 자유와 권리에 따르는 책임과 의무를 완수하게 하여, 안으로는 국민생활의 균등한 향상을 기하고 밖으로는 항구적인 세계평화와 인류공영에 이바지함으로써 우리들과 우리들의 자손의 안전과 자유와 행복을 영원히 확보할 것을 다짐하면서 1948년

그리고 헌법 제5조에서는 국제평화의 유지에 노력하고 침략적 전쟁을 부인한다고 천명하고, 국군은 그러한 대원칙 아래 국가 안전보장과 국토방위의 의무를 수행하는 것을 사명으로 삼는다고 밝히고 있다.[48]

지난해 공표된 「군인의 지위 및 복무에 관한 기본법」[이하 '군인기본법'으로 약칭]은 기존 「군인복무규율」을 대체하며 헌법적 이념을 따라 선진 정예강군 육성을 위한 내용을 좀 더 구체화한 바 있다. 이 중 제5조 국군의 강령, 제34조 전쟁법 준수의 의무 등 조항에서 자유민주주의 수호, 국제평화 유지 등의 정신을 따르는 국군의 사명과 의무를 명시하고 있다.[49]

위와 같이 국가가 법규로 합의하여 정립한 민주주의적 가치와 평화 수호의 이념은 우리 군의 윤리적 보편토대로서 자리 잡고 있다. 따라서 모사회가 정립한 이러한 가치와 윤리적 원칙들은 군과 군 구성원들의 윤리적 사유와 행동의 기본적 기준과 틀(framework)이 된다.[50]

7월 12일에 제정되고 8차에 걸쳐 개정된 헌법을 이제 국회의 의결을 거쳐 국민투표에 의하여 개정한다."

48) 「대한민국 헌법」 제5조
① 대한민국은 국제평화의 유지에 노력하고 침략적 전쟁을 부인한다.
② 국군은 국가의 안전보장과 국토방위의 신성한 의무를 수행함을 사명으로 하며, 그 정치적 중립성은 준수된다.

49) 세부 조항은 「군인기본법」 제5조 (국군의 강령) 및 제34조 (전쟁법 준수의 의무) 참조.

50) 국가의 헌법과 건국이념 등이 군의 도덕적 원칙과 준거틀이 된다는 입장은 Rick Rubel, *Ethics and the Military Profession: The Moral Foundation of Leadership*, Pearson Learning Solutions, 2011. p. 3.에서 확인할 수 있다.

2. 윤리학적 토대: 도덕원리

1) 도덕원리란?

윤리학은 도덕원리를 탐구하는 학문이다.[51] 그런데 도덕원리란 정확하게 무슨 의미일까? 우리는 왜 윤리를 탐구할 때 도덕원리를 이해하고자 하는 걸까? 이를 답하려면 우리는 먼저 윤리학이 다루고자 하는 질문이 무엇인지 살펴보아야 한다. 윤리학이 단 한 가지 질문만 다룬다고 할 수 없다. 개인마다 그 정도에 차이는 있겠지만, 윤리학자라면 누구나 "어떠한 행위가 옳은 것일까?"라는 질문을 중요하게 다루게 된다.[52]

그렇다면 이는 도덕원리와 "어떠한 행위가 옳은 걸까?"라는 질문이 특정한 연관성을 갖는다는 것을 의미한다. 윤리학자의 기대는 도덕원리를 통해 이 질문에 답하는 것이다. 예컨대 우리는 개인의 이득

---

51) 앞의 3장 2절에서 군대윤리 개념을 다루는 부분에서 윤리학을 규범체계를 연구하는 학문으로 본 것과 여기서 도덕원리를 탐구하는 학문으로 보는 것이 본질적으로 다른 것이 아니다. 각 윤리학설에서 주장하는 규범은 그 자체로 하나의 도덕원리로서 수많은 개별상황에 적용된다고 볼 수 있기 때문이다. 여기서는 학습자들이 각 윤리학설의 규범을 보다 원리적인 차원에서 분해하여 이해하고 구체적 윤리상황에 적용할 수 있도록 돕고자 하였다. 규범의 구체적 적용에 있어서, 또한 해당 규범이 어떻게 정립되는지 등을 검토하기 위해서 원리적 이해가 필요하기 때문이다.

52) 앞서 2절에서 우리가 윤리적 질문을 할 때 그 대답이 보편적인 성격을 띠고 있다고 설명했다. 이는 A가 옳다는 견해를 가진다면 누구나 같은 상황에서 같은 윤리적 평가를 해야 한다는 요구라고 하였다. 윤리학은 "이유 없는 살인은 해서 안 된다"같은 공통적으로 가지는 윤리적 판단들을 체계화해 보편성의 형태를 가진 도덕원리로 이론화한다고 할 수 있다.

을 위해 남에게 피해를 줄 수 있는 거짓말은 옳지 못하다는 것은 알고 있다. 하지만 우리는 정말 이를 특정 도덕원리를 통해서 알게 된 것일까? 철학을 접해 본 적이 없는 대부분의 초등학생들도 이 사실을 알고 있다는 점을 감안하면 이는 아닐 것이다. 그렇다면 우리가 도덕적 지식(moral knowledge)을 얻기 위해 도덕원리가 필수조건이 아니라는 것을 의미한다.

하지만 동시에 도덕적 지식이 도덕원리와 항상 무관하다고 할 수 없다. 위의 예시같이 우리가 너무나 당연히 안다고 생각하는 윤리적 명제들만큼 우리가 잘 알지 못하는 명제들 또한 많다. 수많은 윤리적 딜레마 상황들이 이를 입증한다. 예컨대 한 명의 의사가 두 명의 응급환자를 치료해야 하는 상황을 가장해보자. 누구를 먼저 치료하느냐에 따라 다른 한명이 목숨을 잃을 수도 있다. 여기서 "누구를 먼저 치료를 하는 것이 옳은가?"라고 묻는다면 아무도 쉽게 대답하지 못할 것이다. 하지만 이 같은 상황에서 올바른 도덕원리를 알고 있다면, 어떠한 행위를 할지 결정하는 데 조금이나마 도움이 될 것이라 추측할 수 있다.

이 두 가지 상황을 고려한다면 도덕원리와 도덕적 지식의 관계는 다음과 같다고 볼 수 있다. 도덕원리는 직접적인 도덕적 지식의 제공만을 목표로 하지 않고, 특정 명제가 왜 참인지 혹은 왜 거짓이지를 설명한다. 따라서 우리가 이미 알고 있는 사실이지만, 이게 어떻게 정당화(justified)된 사실인지 말해 준다. 그리고 이 과정에서 도덕원리는 옳고 그름의 기준을 제공한다. 우리는 이 기준을 새로운 환경에서 적용하며 새로운 도덕적 사실을 알아낼 수 있다. 그리하여 윤리적 딜레마 상황에 빠졌을 때 도덕원리가 도움이 될 거라는 기대를 한다.

안타깝게도 윤리학에선 아직 모두가 동의하는 한 가지 도덕원리가 존재하지 않는다. 많은 철학적 문제들처럼 여러 이론이 있고, 적어도 표면상으로 서로 상반되어 보이는 경우도 있다. 수많은 이론들을 다음과 같은 3가지 종류로 분류할 수 있다. 결과를 중시하는 결과주의(consequentialism), 도덕적 법칙과 의무를 중시하는 의무론(deontology), 그리고 행위자의 덕목을 중시하는 덕윤리(virtue ethics)가 있다. 이에 대해서는 뒤에서 좀 더 자세히 다룰 것이다.

2) 도덕원리의 구조

결과주의, 의무론과 덕윤리의 차이점을 설명하기에 앞서 3가지 이론이 도덕원리로서 어떠한 구조를 가지고 있는지 살펴보겠다. 1절에서 설명했듯 우리는 도덕원리를 통해 어떠한 행위가 올바른지 알아내는 것을 목표로 한다. 그렇다면 도덕원리가 어떠한 구조를 가져야 무엇이 올바른지 알아낼 수 있을까?

구체적인 예시를 통해 살펴보자.[53] 철수는 강가에서 산책을 하다가 강에 빠져 도움을 외치는 준이를 발견했다. 어떻게 할까 주변을 살피다 철수는 강가에 있는 보트 한 대를 발견한다. 누구 소유의 보트인지 모르지만 철수는 그 보트를 타고 물에 빠진 준이를 구한다.

---

53) 이 예시는 Shelly Kagan, "The Structure of Normative Theories" *Philosophical Perspectives*, Vol. 6, Ethics (1992)에서 빌려온 것이다. 규범윤리학이론(normative theories)을 위와 같이 보는 것도 케이건(Kagan)의 논문을 참조한 것이다.

대부분 사람은 이 예시를 보면 철수의 행동이 옳았다고 판단할 것이다. 하지만 이런 판단을 뒷받침하는 근거가 무엇일까? 이 질문을 대답하기 위해 먼저 알아야 하는 것은 이 예시에서 어떠한 요소가 도덕적으로 의의가 있는가이다. 다시 말하자면, 이 상황의 어떠한 요소 때문에 이 행위가 옳다고 판단하는가를 묻는 것이다. 케이건(Shelly Kagan)은 이를 "도덕과 관련된 요소(normatively relevant factor)"54)라고 칭한다. 즉, A라는 행위의 도덕적 평가는 이 '도덕과 관련된 요소'들로부터 결정된다고 정리할 수 있다.

직관적으로 이 사례를 바라보면 다음과 같은 도덕적 요소가 있다. 첫 번째, 철수가 도움이 필요한 준이를 발견한 점이다. 두 번째, 준이는 철수의 도움 없이는 익사할 수도 있는 사항이다. 세 번째, 철수는 소유주가 불분명한 보트를 이용해서 준이를 도와줄 수 있다는 점이다. 어떤 윤리적 판단을 하던 위의 세 가지 정보는 판단에 영향을 미친다. 그에 반해서 철수는 산책 중 노래를 듣고 있었다는 사실은 윤리적 판단과 무관하다. 이를 고려하면 도덕원리가 해야 하는 가장 첫 번째 역할은 도덕과 관련된 요소를 정하는 것이다.

대부분 윤리학 이론들은 인간의 행위가 다른 인간에게 영향을 미칠 수 있을 때, 그와 연관된 요소들을 도덕과 관련된 요소라고 간주한다. 이번 예시에서도 철수의 행위가 준이를 살리거나 죽일 수 있는 큰 영향을 미치기 때문에 위의 3가지 사실들을 도덕과 관련된 요소로

54) 도덕과 관련된 요소는 단순히 도덕적인 명제들만 포함하고 있지 않다. 위의 예시같이 "철수가 준이를 발견했다"라는 사실적인 명제들도 이 요소에 포함된다.

분류한다. 여기서 예시에 철수가 스트레스를 풀러 산책을 하고 있다는 전제를 추가해보자. 이는 아무리 참된 사실이지만 철수의 행위의 도덕성(moral status)과는 무관하다. 즉, 이는 도덕과 관련된 요소가 아닌 것이다. 이와 같이 이러한 요소를 정하는 것은 행위의 도덕성을 평가하기 위해 필연적으로 필요한 것이다.

하지만 이 정도만으로 도덕원리를 통해 행위의 올바름을 판단하기에는 부족하다. 중요한 요소들을 나열하는 것만으로 도덕성이 판단되지 않기 때문이다. 케이건은 도덕원리가 추가적으로 "평가의 초점(evaluative focal point)"을 지정해야 한다고 주장한다. 이는 도덕과 관련된 요소들 중에서 가장 중요한, 핵심적인 요소를 지정해야 한다는 것이다.

위의 예시를 빗대어 생각해보자. 얼핏 보면 복잡한 게 없는 상황이다. 하지만 자세히 보면 우리가 믿는 두 가지의 보편적 도덕적 법칙이 충돌하고 있다. 첫 번째는, 우리는 철수가 준이를 본 건 처음이지만 도와줘야 하는 의무가 있다고 생각한다. 철수가 이를 못 본 체 지나친다면 그는 엄청난 도덕적 비난을 받을 것이다. 이러한 반응은 우리가 일반적으로 철수가 도와줄 의무가 없다고 믿는다면 설명하기 어렵다. 두 번째는, 본인 소유가 아닌 물건을 함부로 사용하면 안 된다는 점이다. 일반적인 상황에서는 동의 없이 소유주의 물건을 사용하면 안 된다고 생각한다. 만약 준이가 물에 빠지지 않았음에도 불구하고 철수가 강가에 있는 보트를 사용한다면 그는 도둑으로 몰릴 수도 있다. 하지만 준이를 구해주기 위해 사용했다면 비판을 받지 않을 것이다. 다시 말하면, 두 가지 법칙이 충돌은 하지만 직관적으로 첫 번째 법칙이 더 중요하다고 판단한다. 케이건은 이는 "평가의 초점"을 첫 번째 법칙에 둔 경우라고 설명한다. 그렇기에 두 번째 법칙이 위반되었지만 철수의 행위의 도덕성에는 영향을 주지 못한다.

이처럼 행위의 올바름을 판단하려면 구조적으로 도덕과 관련된 요소들과 그 중에서 무엇이 중요한지 정하는 평가의 초점이 필요하다. 도덕원리의 핵심적 역할은 두 가지를 정하는 것이다. 하지만 도덕원리는 이 두 가지를 단순히 무차별적으로 정하면 안 된다. 도덕원리를 탐구하는 이유가 "왜" 특정 행위가 올바른지 혹은 잘못된 것인지 판별하는 것인 만큼 "왜" 그 두 가지로 정했는지 설명해야 한다. 즉, 도덕원리가 나타내는 것은 특정 상황에 대한 도덕과 관련된 요소들, 평가의 초점 그리고 왜 그러한 결정을 내렸는지에 대한 설명이다. 그리고 다음 절에서 소개할 결과주의, 의무론 그리고 덕윤리는 윤리학자들이 제시한 대표적인 도덕원리들로서 위와 같은 도덕적 원리의 구조 측면에서 살펴보면 크게 도움이 될 것이다.

3) 결과주의(Consequentialism)

이 절에서는 결과주의라는 이론을 살펴보겠다. 이름에서 알 수 있듯, 결과주의는 결과를 중요시한다. 하지만 결과를 중시한다는 것이 정확히 어떤 의미일까? 정말 어떤 이론이 윤리적인 고민을 하면서 행위의 결과를 전혀 고려하지 않을 수 있을까? 이게 명확하지 않다면 결과주의가 다른 이론들과 어떻게 구분되는지 이해하기 어렵다. 위의 절에서 설명했던 구조를 통해 바라보면 이해할 수 있다. 결과주의는 여러 도덕과 관련된 요소들 중 평가의 초점을 행위의 결과에 두고 있다. 이는 만약 여러 요소들이 충돌할 경우 결과를 가장 우선시하겠다는 의미도 있다.

잠시 장 초반에서 윤리학이 다룬다는 "어떠한 행위가 옳은 것일까?"라는 질문으로 돌아가 보자. 이는 행위를 선택하기 전에 하는 고민이다. 그렇기에 결과주의 관점에서는 내가 할 수 있는 행위의 결과가 행위의 올바름을 결정한다. 그렇다면 행위자 입장에서는 내가 할 수 있는 행위의 결과들 중 무엇이 제일 나은지를 판단해야 한다. 여기서 결과주의는 무차별로 결과들의 "좋음(good)"을 나열할 수만은 없고, 결과들 사이의 경중을 따져야 한다. 그렇기에 결과주의는 항상 가치론(theory of value)을 동반해야 한다. 그리고 가치론을 기준으로 할 수 있는 행위들 중 가장 좋은 결과를 낳는 선택을 해야 한다.

여러 학자들마다 가치(value) 혹은 좋음(good)의 기준이 다르다. 결과주의의 대표이론 중 하나는 공리주의(utilitarianism)이다. 공리주의라는 이론을 처음 제시한 제레미 벤담(Jeremy Bentham: 1748~1832)은 주관적으로 느끼는 행복과 고통을 좋음과 나쁨의 기준으로 삼았다. 그리고 모든 개인의 행복이 똑같이 중요하다고 했다. 다시 말하면, 주관적 행복과 고통이 평가의 초점이 되고, 이에 영향을 미칠 수 있는 모든 것은 도덕과 관련된 요소가 된다. 그리고 옳은 행위는 모든 인류의 주관적 행복을 극대화(maximize)시키는 행위이다.

결과주의에 대해 한 가지 더 주목할 점은 평가의 초점이 행위의 결과에 있다는 점이 가지는 의미이다. 가장 간단히 바라보면 행위는 의도로 시작해 결과로 끝난다고 볼 수 있다. 하지만 결과주의는 평가의 초점이 결과에 있기에 의도는 별로 중요하지 않은 요소가 된다. 물론 행위의 결과가 의도와 무관하다 할 수 없기에 전혀 상관없다고는 할 수 없다. 그렇지만 행위의 도덕성은 결과로 판단되지 의도로 판단되지 않는다는 입장을 취한다. 이는 다음 절에서 설명할 의무론이나 덕윤리와 대비되는 점이기도 하다.

4) 의무론(Deontology)

의무론은 결과주의와 대비되어 자주 설명된다. 그 이유는 의무론을 결과주의의 상대적인 특색으로부터 구분하고자 하기 때문이다.

앞 절에서 설명했듯 결과주의는 결과를 중시한다. 그렇다면 결과는 어떻게 결정되는지 살펴보자. 먼저 행위자의 행위가 있어야 한다. 하지만 행위자의 행위가 바로 결과로 이어지지 않는다. 행위자는 독립적으로 있는 존재가 아니라 여러 요소들과 인과관계 속에 있는 존재이다. 그렇기 때문에 결과를 좌우하는 요소는 크게 행위와 그 행위가 일어나는 환경이라고 할 수 있다.[55] 이러한 관점에서 생각하면 왜 결과주의가 "상대적"이라고 할 수 있는지 이해할 수 있다. 바로 행위는 같더라도 환경이 바뀌어서 결과가 안 좋아지면 같은 행위여도 그 행위의 도덕성이 바뀔 수 있다. 즉, 같은 행위가 다르게 평가 받을 수 있다는 의미이다. 반대로 의무론은 이를 부정한다. 즉, 결과와 관계없이 옳은 일 혹은 잘못된 일이 있을 수 있다는 의미이다.[56]

---

55) 단순하게 표현하자면 "행위 + 환경 = 결과"라고 할 수 있다.

추상적인 의무론의 설명을 조금 더 구체화시켜보자. 흔히 우리는 더 나은 결과를 내기 위해 살인을 하면 안 된다고 생각한다. 예컨대 월등한 경제성장을 위해 그에 방해되는 특정 집단을 살해해도 된다고 생각하지 않는다. 2절에서 설명한 구조를 통해 보면 경제성장["좋은" 결과]과 살해를 하면 안 된다는 의무가 도덕과 관련된 요소라고 할 수 있다. 그렇다면 의무론은 평가적 초점을 우리가 가진 의무에 둔다고 할 수 있다.

의무론을 도덕원리로서 받아들이려면 "왜" 경제성장을 위해 살해를 하면 안 되는지 설명해야 한다. 왜 살생을 하면 안 된다는 의무에 평가적 초점을 두는 걸까? 이 질문에 임마누엘 칸트(Immanuel Kant: 1724~1804)는 다음과 같이 대답한다. "경제성장을 위해 살해를 할 수 있다."라는 개인적 준칙(maxim)을 보편화한다고 가정한다. 즉, 나뿐만 아니라 모든 사람이 이 준칙을 따른다고 해 보자. 만약 모두가 경제성장을 위해 살해를 할 수 있다고 가정해보자. 이러한 상황에서 경제성장이 가능할까? 역사적으로 경제성장이 살해나 겁탈을 통해 이루어진 적은 없다. 서로가 서로와의 무역(trade)을 통해 이루어졌다.[57] 그렇다면 이는 보편화되었을 경우 경제성장을 도모하기가

---

56) 엄밀히 따지면 모든 의무론자가 이에 동의하는 것은 아니다. 만약 "X를 하면 안 된다"를 믿는 의무론자에게 "X를 하지 않으면 인류를 멸망시키겠다."라고 한다면 아마 모두 X를 하는 게 옳다고 주장할 것이다. 이에 동의한다고 의무론이 아니라고 할 수 없다. 결과를 절대 고려하지 않는 게 아니라 결과에 절대적으로 좌지우지되지 않는다고 표현하는 게 정확할 것이다.

57) 경제학 용어를 빌리자면 비교우위(comparative advantage)를 이용한 발전이라고 할 수 있다.

더 어렵다는 의미이다. 즉, 경제성장을 도모하기 위해 살해를 하면 경제성장이 더 어려워진다는 뜻이다. 칸트는 이를 모순(Contradiction in the Will)이라고 하며, 그렇기에 "경제성장을 위해 살해를 할 수 있다."라는 준칙을 따르면 안 되는 의무가 있다고 주장하였다.

정리하자면 칸트는 위 사례에서 특정 의무를 가진 이유가 그 의무를 요구하는 준칙을 보편화했을 경우 모순이 발생하기 때문이라고 한다. 즉, 의무가 평가의 초점이고 그러한 이유는 바로 보편 법칙의 정식(Formula of Universal Law) 때문이다.[58]

그렇다면, 조금 달리 생각해서 좋은 결과를 초래하는 좋은 행위를 하는 것은 이런 모순을 비켜가는 게 아닐까? 예를 들어 어떤 정치인이 "어려운 이웃을 도와서 선거에서 많은 득표를 얻겠다."는 경우는 어떠한가? 이는 결과도 좋고, 어려운 이웃을 돕는 행위 자체도 훌륭하지 않은가? 또한 모든 정치인이 그와 같이 행동하여 더 많은 불우이웃을 돕는다면, 국가 차원에서도 유익하지 않은가? 그러나 이에 대해 칸트는 이런 식으로 되물을 것이다. "그 정치인은 어려운 이웃을 돕는 행위가 옳기 때문에 행한 것인가, 아니면 선거 득표를 위해 단지 수단적으로 한 것인가?" 이 질문은 우리가 좋은 행위라 평가받을 수 있는 행위를 충분히 선한 의도와 무관하게 할 수 있다고 지적한다. 다른 목적을 달성하기 위해 선하다 평가받는 행위를 할 수 있는 것이다. 우리는 보통 그런 경우를 '선한 척했을 뿐'이라고 본다. 왜냐하면 원래 의도했던 목적 달성에 선하다 평가받는 행위 A보다 선하

58) 칸트는 이를 정언명령(Categorical Imperative)라고 한다.

지 않다고 평가받는 B가 더 유리하다면 B로 바꾸어 행할 가능성이 크기 때문이다.

따라서 칸트는 도덕적 행위의 또 다른 조건으로 어떤 행위를 할 때 그 자체로 옳다는 이유만으로 의욕한다는, 즉 옳음 자체를 존경하는 선의지에 따라 행위한다는 동기주의를 주장한다. 이 점이 또한 결과주의와 대비되는 부분이다.

5) 덕윤리(Virtue Ethics)

앞 두 절에서 살펴봤던 결과주의와 의무론은 행위자의 성품(character)에 그리 관심을 쏟지 않는다. 행위자의 성품이 도덕적 가치가 없다고 보지는 않지만, 행위의 도덕성을 위해 성품은 중요하지 않은 요소라고 본다. 즉, 평가의 초점이 행위자의 성품에 있지 않다. 결과주의는 행위의 도덕성은 결과에 달렸고, 의무론은 어떠한 의무를 따르느냐에 달렸다고 본다. 반대로 덕윤리는 행위자의 성품이 행위의 올바름 혹은 잘못됨을 정한다고 본다. 즉, 덕윤리 입장에선 특정 행위가 올바른 이유는 덕이 있는(virtuous) 행위자가 하는 행위이기 때문이다.[59]

그렇다면 "덕"이란 무엇일까? 이 질문은 두 가지 세부 질문을 내포하고 있다. 첫 번째로, 어떤 성품을 덕이라고 할 수 있는가? 두 번째로, 어떠한 근거로 그 성품을 덕이라고 할 수 있는가? 덕윤리적인 접

---

59) 좀 더 정확하게 표현하자면, 덕 있는 행위자가 덕 있는 성품 때문에 하는 행위를 뜻한다. 아무리 덕이 있지만 강요되어 한 행위라면 옳다고 할 수 없을 것이다.

근을 하는 철학자라면 반드시 이 두 가지 질문에 답해야 한다.

먼저 첫 번째 덕윤리자로 불리는 아리스토텔레스(Aristotle)가 어떻게 이 질문들을 대답하는지 살펴보겠다. 아리스토텔레스는 용기나 절제 같은 성품(character)을 덕이라고 칭했다. 그리고 "중용"(Golden Mean)이 그 근거라고 주장했다. 예컨대 아리스토텔레스는 죽음을 두려워하지 않고 적군에 돌진하는 용사를 용기 있다고 하면 안 된다고 했다. 두려움이 없다는 것은 용기보단 무모함에서 비롯된 것이라고 하였다. 그리고 이런 무모함은 본인을 더 큰 위험에 빠뜨릴 확률이 크기 때문이다. 진정한 용기는 무모함이라는 극단적인 성향과 반대로 비겁함이라는 극단적인 성향의 중간이라고 했다.

2절에서 설명했던 케이건의 개념으로 이 문제를 바라보면, 행위자의 성품[60]이 평가의 초점(evaluative focal point)이라는 걸 알 수 있다. 그렇다면 왜 아리스토텔레스는 덕을 평가의 초점으로 두었을까? 이유는 그의 형이상학적 생각에 있다. 그는 모든 실체는 목적(function)이 있다고 주장했다. 그리고 삶의 목적은 'eudaimonia'이라고 했다. 'Eudaimonia'는 행복(happiness)이라고 번역되지만, 엄밀히 따지면 주관적인 행복이 아니라 번영(flourishing, well-being)이 더 정확하다. 그리고 덕(virtue)에 맞추어 행위하는 게 번영하는 것이라고 주장했다. 이를 이해하면 왜 아리스토텔레스가 중용을 주장했는지 알 수 있다. 덕을 가진 행위자는 행복 혹은 번영해야 하는데

60) 성품이 덕일 경우 행위가 옳았다고 할 수 있고, 성품이 악덕일 경우 행위가 잘못되었다고 할 수 있다.

극단적인 성품을 가지면 행복과 반대되는 상황에 빠지기 십상이기 때문이다. 이를 부정한다면 덕에 맞는 행위 때문에 그 목적인 행복으로부터 멀어진다는 것을 받아들여야 한다. 하지만 아리스토텔레스는 이를 모순이라고 생각하였다.

6) 이중효과(The Doctrine of Double Effect)의 원리

앞서 설명하였듯 공리주의와 의무론은 행위 중심적이다. 이는 행위자의 의도가 도덕과 연관되지 않는 요소라고 간주하는 것은 아니다. 하지만 특정 행위가 잘못되었다면 단지 의도에 따라 행위의 잘못됨이 변하지 않는다고 본다.[61] 하지만 이게 정말 사실일까? 먼저 다음 예시를 살펴보자.

정의전쟁(Just War)을 치르고 있는 A군대가 전쟁을 승리로 이끌고자 적 군수공장에 대한 야간공습을 계획하였다. 정의전쟁이기 때문에 이 전쟁에서 승리하는 것 또한 도덕적으로 정당하다고 가정하자. 작전을 수행하려고 정보를 취합하던 중, 군수공장 주변 및 내부에 민

---

61) 물론 의도에 따라 행위자에게 묻는 도덕적 책임(moral responsibility)이 달라질 수 있다는 것은 인정한다.
한편, 칸트 의무론의 입장에서 보면 "의도에 따라 행위의 잘못됨이 변하지 않는다."는 명제는 틀린 진술이 아닐까? 왜냐하면 선의지에 의한 동기주의를 주장하기 때문이다. 그러나 본문에서 말한 대로 "특정 행위가 잘못되었다."고 한다면, 그 행위는 '마땅히 따라야 할 의무'를 따르지 않았기 때문이다. 이때 선의지는 마땅히 의욕할 의무를 의욕하는 동기로 작용하기 때문에 잘못된 행위의 동기로 작용할 리가 없다. 결과적으로 이미 '잘못된 행위'로 밝혀진 행위에 대해 의도를 따지는 것은 칸트 의무론에서도 큰 의미가 없는 것이다.

간인 5,000여 명이 거주하고 있는 것으로 확인하였다. 계획대로 작전을 진행하면 아무리 주의하여도 일부 민간인의 희생이 불가피하다고 판단된다.

이런 경우 작전을 진행하는 게 올바른 걸까? 먼저 살펴야 할 점은 이 경우 작전을 진행하는 행위에 두 가지 측면이 있다는 점이다. 첫 번째로, 군수공장을 공습하는 측면이다. 두 번째로, 그 과정에서 민간인을 희생시킨다는 점이다. 전쟁이 정당하다는 가정 때문에 이 전쟁에서 승리라는 결과를 얻는 것은 중요하다. 따라서 첫 번째 측면은 도덕적으로 정당한 행위라고 간주한다. 하지만 두 번째 측면은 어떠할까? 이는 올바른 행위인가? 아니면 잘못된 행위일까?

케이건의 개념을 빌려 이 문제를 바라보자. 먼저 도덕과 관련된 요소는 정의전쟁, 작전의 목적, 민간인 희생 등이 있다. 작전의 목적은 정의전쟁을 승리로 이끄는 데 있다. 따라서 민간인 희생이 없다면 군수공장을 야간공습하는 것이 도덕적으로 문제가 없을 것이다. 하지만 이 사례의 경우 민간인 희생이 발생한다. 그렇다면 야간공습하는 것이 옳은 것일까? 작전을 실행함으로써 민간인을 희생시키는 것이 절대적으로 잘못된 것이라면 야간공습은 윤리적으로 정당화될 수 없을 것이다. 하지만 이러한 상황 속에서 민간인을 희생시키는 행위가 잘못되지 않은 것이라면 야간공습 또한 윤리적으로 정당화될 수 있을 것이다. 이러한 상황에서 어떤 판단이 옳은 것일까? 이 문제에서 평가적 초점(evaluative focal point)을 어디에 두어야 할까?

이중효과(Doctrine of Double Effect)는 여기서 평가적 초점을 행위자의 의도(intention)에서 찾아야 한다고 주장한다. 조금 더 추상적으로 이 문제를 접근하면, 이런 윤리적 딜레마는 다음과 같은 형태를 가지고 있다. A라는 정당한 목적을 위해 B라는 수단을 사용한다. 하지만 B를 행할 경우 C라는 안 좋은 결과가 뒤따른다. 이중효과는 여기서 의도(intention)의 중요성을 부각하고 다음과 같은 주장을 한다. A를 행하기 위해 B를 시행할 경우 A를 의도하지만 C라는 안 좋은 결과를 의도하는 것이 아니라고 주장한다. 다시 말하면 정의전쟁을 승리로 이끌기 위해 야간공습을 시행하면, 승리를 의도하는 것이지 민간인의 희생을 의도하는 것은 아니며 단지 부수적으로 따르는 불가피한 피해라고 본다. 따라서 의도하지 않았기 때문에 민간인의 희생은(=야간공습은) 윤리적으로 허용될 수 있는 행위라고 본다. 여기서 민간인의 희생이 따르지만 이는 예측된 결과(foreseen consequence)일 뿐 의도된 결과(intended consequence)가 아니라고 주장한다.

• 제2부 •

사례연구

Case Study

제2부

사례연구(Case Study)

제1장 사례연구 개요[1)]

1. 윤리에는 답이 없다?

윤리를 배우는 학생들은 일반적으로 “윤리에는 답이 없는 것 같은데 왜 공부해야 하는가?”, “윤리는 답도 없이 뜬구름 잡는 이야기만 어렵게 풀어낸다.”고 불평하곤 한다.

그렇다고 효율성이나 간편함을 앞세워 체크리스트와 같은 윤리 문

1) 2부 1장은 필자가 공동저자로 참여하여 집필했던 국방부(2016)의 부록편 「사례연구(case study)」 부분을 일부 수정 · 보완하여 옮겼음을 밝힌다.
본서에서 선정한 사례는 역사적 사실만으로 한정하지 않았다. 실제 사실을 일부 재구성한 것도 있고, 영화나 책 내용도 포함되어 있다. 각각 성격은 조금씩 다르겠지만, 윤리적 문제를 숙고하게 하는 특정한 상황이나 의문점들을 제기한다는 점에서는 큰 차이가 없을 것이다.

제에 대한 요약집을 만들어 만능열쇠처럼 여긴다면, 이는 복잡한 상황을 무리하게 단순화시켜 일을 더욱 꼬이게 만들 것이다. 실제로 체크리스트를 만든다 할지라도 특정상황에서 그것을 어떻게 적용하고 해석할지는 여전히 어렵고 복잡한 일로 남을 것이기 때문이다.

또한 윤리적 문제를 단기간의 집중교육이나 외부 강사 한두 명을 초청해서 듣는 특강 시간으로 손쉽게 해결할 수 있다고 생각하는 것도 큰 착각이다. 이러한 교육이나 강의는 참여한 사람들에게 윤리에 대한 어설픈 인상만 심어줄 가능성이 크며,[2] 단 몇 시간의 교육으로 개인의 도덕성이 정체성 차원으로 확립될 리도 없다.

인간이 직면하는 많은 선택의 상황은 그 자체로 애매하고 혼란스럽기까지 하다. 쉬운 예로 우리는 중국집에 갈 때마다 짜장면을 먹을까 짬뽕을 먹을까 고민에 빠진다. 이 고민에 대해 당신은 어떤 명쾌한 답을 줄 것인가? 이처럼 간단한 선택 상황도 그때그때 사정이 달라 한마디로 답하기 어려운데 이보다 훨씬 난해한 문제들이 얽혀있는 윤리적 상황에 대해 간단한 답을 요구하는 것은 무리이다. 윤리적 문제를 함유한 인간 삶의 여러 상황들은 복잡하고 어려워 단 하나의 해법이나 요령으로 일괄적으로 해결할 수 없다. 따라서 윤리는 '답'이 중요한 게 아니라 문제 자체를 어떻게 대하고 그것을 어떻게 해결할지 숙고하는 '난감한 과정'이 중요하다. 그리고 그와 같은 '난감한 과정'에 대한 세심한 교육 속에서 개인의 도덕성이 확립될 여지가 생기는 것이다.

2) Rick Rubel(2011, 4).

본 책에 이론적 내용을 자세하게 담는 대신 사례연구의 비중을 높인 것은 교육자와 학습자의 편의를 고려한 것이지만, 사례연구를 통해 특정상황에 대한 답을 제공하려는 것은 아니라는 점을 분명히 밝힌다. 2부의 사례연구는 답을 찾는 것이 목적이 아니라 사례 안에 담긴 윤리적 문제의 복잡 미묘함을 경험하고 그것을 해결하는 과정 속에서 얼마나 다양한 윤리적 논의가 가능한지 이해하는 데에 목적이 있다. 이를 통해 학습자들은 윤리적 추론에 필요한 도덕적 사고와 정서적 소양을 폭넓게 습득할 수 있을 것이기 때문이다.

2. 사례연구의 특징

사례연구(case study)는 교육방법론 측면에서 보면, 토의법(discussion method)과 문제법(problem method)을 혼합한 형태에 해당한다. 사례로 제시되는 문제 상황을 토의나 토론을 통해 해결해 나가는 과정 속에서 그와 관련된 지식이나 사고능력, 정서적 태도 등을 얻을 수 있게 하는 학습방법이다.[3)]

사례 연구는 구체적 사례 상황을 통해 직관적인 이해를 돕고, 학습자들 간의 활발한 의견교환 등 참여도를 높이고 상호 협동심을 늘리며, 학습자 스스로가 해당 교육내용을 이해하고 습득하는 능동적인 체험을 할 수 있다는 장점이 있다.

---

3) 권영창 외, 『효과적인 교수-학습을 위한 교육방법론』, 형설출판사, 2008, 145~176쪽.

하지만, 구체적 사례에 한정된 '답'을 찾는 데에 매몰될 경우 앞서 언급한 '체크리스트'처럼 될 우려가 있다. 또한 학습자들 스스로 참여할 수 있는 충분한 시간과 여건을 제공하지 않아 특정 소수가 토의를 좌지우지하거나 교육자가 과도하게 개입하면 일방적인 강의만도 못한 교육에 그칠 수 있다는 단점도 있다. 사례연구에서 교육자는 강의 위주 주입식 교육방법처럼 특정 답이나 요령을 단기간에 암기하고 기억하게 하는 대신 조금 더 시간이 걸리더라도 학습자 스스로가 해당 주제에 필요한 지식과 태도를 능동적으로 습득할 수 있도록 이끄는 것이 중요하다는 것을 유념해야 한다.

또한 앞의 1부에서 언급했듯이, 윤리교육은 개인의 도덕성에 초점을 맞추게 되는데 개인의 자아 차원에서 정체성으로 확립될 수 있게 도덕적 사고와 도덕적 감정, 도덕적 행동 차원이 통합적으로 교육되어야 한다.

따라서 사례연구는 사례 속에 담긴 복잡다단한 윤리적 문제들이 어떻게 얽히고 꼬여 있는지 풀어보게 함으로써 다각도로 사유하게 하고, 그 상황과 관계된 사람들의 상황을 내 상황으로 받아들이며 도덕적 딜레마를 푸는 난관을 느끼게 함으로써 윤리적 이해와 공감을 증진시켜야 한다. 그리고 올바른 윤리적 추론과 결심에 따라 행동에 옮기기까지 얼마나 큰 용기와 희생이 따르는지, 그런 만큼 윤리적 삶이 얼마나 숭고한 것인지 경험할 수 있도록 해주어야 한다.

3. 사례연구 진행

사례연구는 기본적으로 윤리적 추론을 중심으로 진행하기 때문에 윤리적 사고 측면에 초점을 맞추게 된다. 학습자들은 사례를 분석하고 동료들과 함께 의견을 모으고 토론과 발표를 하는 과정에서 윤리적 기준과 원칙 등 관련 지식을 확인하고 이해하며, 이를 해당 상황에 논리적으로 적용하고 해석하는 훈련을 하게 된다.

또한 사례연구 과정에서 동료들과의 의견을 주고받고, 해당 상황에 대해 느끼고 의견이 다른 동료들과 입장을 바꾸어 생각하는 과정에서 윤리적 감정을 기르고, 문제해결 과정에서 스스로 결심하고 해당 상황에서 결심한 대로 행동하는 어려움 등을 느끼는 과정에서 윤리적 행동 측면에 대한 공부도 하게 된다.

따라서 교육자는 사례연구를 통해 학습자들이 단지 사례 속 문제를 논리적으로 해결하는 데에만 그치지 않고 윤리적 감정과 윤리적 행동 측면까지 훈련받을 수 있게 여러 요소들을 통합적으로 고려한 질문들을 준비하고, 학습자 스스로 사례를 분석하고 토론하고 발표할 수 있게 교실 여건을 만들어 주어야 한다.

아래에는 사례 속에서 윤리적 딜레마를 추론하고, 올바른 선택을 하는 과정에서 고려할 질문들을 정리해 본다.[4]

---

4) 이 절에 소개된 고려할 질문들은 아래 내용을 참고하여 일부 보완하여 정리한 것이다.
Eda. W. Rick Rubel and George R. Lucas. JR, *Case Studies in Ethics for Military Leaders*, Pearson Learning Solutions, 2011. pp. xi–xii.
이 외에 1부에서 다룬 「도덕원리의 구조」 부분, 조승옥 외(2010)의 「윤리적 추론과

① 사례에서 생각할 점, 느낄 점을 찾아보게 하라.

- 각 사례 속에서 무엇이 옳은(그른) 결정인가? (사례 속 인물의 결정은 옳은가(그른가)?)
- 사례 속 인물들은 왜, 어떻게 그와 같이 결정한 것일까?

② 사례 상황이 자신의 일이라면 어떻게 할 것인지 생각해 보게 하라.

- 사례 속 상황에서 윤리적 문제는 무엇인가? (어떤 윤리적 기준과 의무들이 충돌하는가?)
- 선택 가능한 결심들은 무엇인가?
- 당신이 선택한 결심이 다른 대안적 결심보다 더 나은지 혹은 더 나쁜지 어떻게 구별할 수 있는가? (당신의 결심이 더 올바르다는 것을 어떤 판단근거에 의해 확신하였는가?)
- 더 큰 조직(상급부대, 군, 국가 등)과 그것들이 지향하는 가치, 리더십 유형, 보상체계 등이 부대원들의 행동에 어떤 영향을 끼칠 것 같은가? 그와 같은 영향을 고려할 때 당신의 결심은 어떻게 평가할 수 있는가?
- 당신의 결심을 실행했을 때 나오게 될 성과나 예상되는 후속결과들은 그 일에 관계된 상관, 동료, 부하, 기타 인접 부대, 가족들에게 어떤 영향을 미치게 될 것 같은가? 그와 같은 영향을 고려할 때 당신의 결심은 어떻게 평가할 수 있는가?

③ 사례 속 인물들의 입장을 생각해 보라.

- 사례 속 인물들의 상황이 당신의 상황이라면 당신은 어떤 심정이겠는가?
- 사례 속 여러 인물들의 입장에서 당신의 결정은 각각 어떻게 평가받을 것 같은가?
- 그들의 입장을 고려할 때 당신의 처음 결정에 변화가 생기는가?

결심」 부분, 국방부(2016)의 「윤리적 선택을 판단할 때 고려할 점」 등도 참조하면 도움이 될 것이다.

제2장 군대윤리 의의

1. 문제제기

본 장은 "군인은 왜 싸우는가?"라는 질문 아래 사례를 중심으로 군대윤리가 지니는 의의를 다양한 차원에서 살펴볼 것이다. 군대윤리가 가지는 의의는 앞에서 부분적으로 군데군데 밝혔지만, 여기서는 궁극적으로 "군인의 존재 이유와 목적이 무엇인가?"라는 좀 더 본질적인 질문에 초점을 맞추어 보았다.

'싸우는 사람'으로서 군인은 전쟁을 담당한다. 오늘날 수많은 사람들이 손 안의 휴대폰으로 다양한 전쟁 게임을 가상적으로 즐긴다. 단 몇 분 만에 모든 것을 살상하고 파괴하는 행위가 오락거리로 행해진다. 그러나 실제 전쟁은 절대 게임이 아니다. 전쟁이 빚어내는 참상은 인간이 겪을 수 있는 가장 비극적인 것이다. 따라서 군인은 이와 같은 전쟁의 '악한' 실상을 깊이 이해한 뒤, "그와 같은 전쟁을 왜 수행해야 하는가?", "전쟁을 한다면 어떤 전쟁을 해야 하는가?", "악한 비극의 현장에 서게 되는 군인의 존재 이유와 목적이 무엇인가?" 등을 성찰해 보아야 한다. 그와 같은 성찰이 없다면, 군인은 맹목적으로 살상하는 괴물로 전락하기 쉬울 것이며 자신이 목숨을 걸고 싸워야 할 이유와 명분도 찾기 힘들 것이다.

2. 기초논의

군인은 전사(戰士: warrior), 무사(武士), 병사(兵士)라는 말에서도 알 수 있듯이 무기를 다루며 전쟁에 종사하는 사람을 가리킨다. 원시 부족의 전사라는 원초적 모습에서부터 현대적인 국가체제 아래 상비군의 직업군인에 이르기까지 시대적으로 명칭은 조금씩 달라도 군인은 '싸우는 사람'이라는 점에서 변함이 없다. 군인이 본질적으로 '싸우는 사람'이라면, 군인은 왜 싸우는가?

일반적으로 전쟁 자체는 악한 것으로 본다. 왜냐하면 평시에는 범죄로 규정되는 살인, 상해, 납치, 방화, 기물 파괴 등이 전쟁 중에는 일상적으로 이루어지기 때문이다. 전쟁으로 인해 수많은 사람들이 남녀노소 가리지 않고 살상당하거나 난민으로서 생활의 터전을 잃고 고통당하기 때문이다. 이와 같은 비참한 참상을 감수하면서까지 왜 전쟁을 하는 것일까?

우리는 어릴 때부터 부모로부터 "다른 이들과 싸우지 말고 사이좋게 지내라."는 교육을 받는다. 사람들은 모두 더불어 평화롭게 사는 세상을 꿈꾼다. 그럼에도 불구하고 '인류의 역사는 전쟁의 역사'라는 말을 할 정도로 인간 사회에서 전쟁이 멈춘 적은 거의 없었다는 것이 현실이다. "평화를 원하거든 전쟁에 대비하라!"는 베게티우스(Flavius Vegetius Renatus)의 말과 같이 인간이 희구하는 평화는 언제 터질지 모르는 전쟁으로부터 늘 위협받아왔다. 따라서 현실적으로 평화는 전쟁과 뗄 수 없는 미묘한 관계를 맺고 있다.

이와 같은 전쟁과 평화에 대한 인식 위에서 군인의 존립 이유는 정당화되어 왔다. 전쟁에 대한 위기의식 없이 평화만 외치는 것도 비현실적이지만, 인간으로서 평화를 향한 이상(理想) 아래 전쟁이 초래하는 악(惡)에 대한 성찰 없이 현실이란 이름으로 함부로 전쟁을 용인하거나 자행하는 것도 광적인 무책임이다.

약육강식의 야생 동물들의 싸움은 생존을 위한 먹고 먹히는 야만과 본능의 싸움이지만, 문명화된 존재로서 인간의 싸움은 그러한 싸움과 동일시할 수 없다. 손자가 말했듯이 전쟁이 정말 국가 공동체의 생사와 존망이 걸린 대단한 일[5]이라면 우리는 왜 이 싸움을 해야 하는지, 그에 따라 전쟁을 할지 말지 스스로 묻지 않을 수 없다. 인간이 전쟁에 의해 존재하는 것이 아니라 전쟁이 인간에 의해 치러지는 것이라면, 전쟁은 인간의 선택을 기다릴 수밖에 없다. 전쟁을 하기 전에 전쟁의 이유를 묻고, 전쟁을 한다면 어떤 전쟁을 할지를 묻는 것은 바로 무엇이 더 중요한지, 무엇이 우선인지를 묻는 가치와 윤리의 문제가 된다.

전쟁 속에 매몰될 때 인간은 인간성을 상실하고 야수처럼 살인마와 전쟁광이 될 수도 있다. 그러나 전쟁을 인간의 선택 아래 둘 때 인간은 전쟁을 인간을 위한 것으로서 통제할 수 있는 길이 열릴 수 있을 것이다. 그것이 또한 정치를 이성의 영역으로 이해했던 클라우제비츠가 "전쟁은 정치의 연장"이라고 말하며 전쟁을 정치 아래 두었던 의도 중 하나일 것이다.[6]

---

5) 『孫子兵法』 「始計」 편, "兵者, 國之大事, 死生之地, 存亡之道, 不可不察也."

군인은 전쟁의 현실과 평화의 이상 사이에서 자신이 왜 싸우는가 부단히 물어야 한다. 사회적 책임을 고유의 본분으로 갖는 전문직업 군인은 그저 "명령받은 대로 싸우기만 하면 된다."고, 혹은 "전쟁에서 승리하기만 하면 된다."고 말할 수 없다. 만약 그와 같다면, 제2차 세계대전 당시 수백만의 유태인을 학살한 독일군에 대해 무엇이라 말할 것이며, 일제강점기에 일본군이 우리 민족에 행했던 수많은 만행에 대해 어떻게 비난할 수 있겠는가? 역으로 우리가 힘이 있다면, 다른 나라나 민족에게 그와 같은 만행을 명령에 따른다는 이유로, 혹은 승리라는 이름으로 자행할 수 있는가?

인류 역사 속에서 폭력의 관리와 사용이 필요하다는 현실을 도외시할 수 없다면, 그러한 폭력을 어떻게 '잘', 혹은 '올바르게' 사용할 것이냐는 현재에도 그리고 앞으로도 중요한 과제가 될 것이다. 그리고 이러한 과제는 가장 직접적으로 폭력을 관리하고 사용하는 자리에 있는 군인들이 스스로 "왜 싸우는가?" 하고 묻는 물음에 고스란히 담기게 되는 것이다. 적어도 싸움 속에서 타인을 죽음으로 몰 뿐 아니라 자신의 죽음까지 맞이하는 군인은 그러한 죽음들의 이유가 부끄럽지 않게 해야 할 것이다.

6) 전쟁과 정치의 관계를 논한 클라우제비츠의 사상에 대해서는 다양하고 상반적인 평가들이 존재한다. 본문에서는 그중에서도 클라우제비츠가 칸트 사상의 영향으로 이성의 영역인 정치 아래 전쟁을 두게 되었다는 견해를 다루어 보았다. 이에 대해서는 크리스티안 슈타틀러, 이재원 옮김, 『전쟁Krieg』, 이론과실천, 2015를 참조함.

3. 사례연구

■ 사례 1: 미래에도 군인은 필요한가?[7)]

독일을 대표하는 언론인이자 저술가인 볼프 슈나이더(Wolf Schneider)는 90세의 나이에 『군인: 영웅과 희생자, 괴물들의 세계사』라는 책을 발표한다. 제2차 세계대전 당시 독일군으로 참전했던 그는 미군 포로수용소에서 생활하면서 군인에 대해 깊이 고민하게 되었으며, 일생의 역작으로 이 책을 펴내게 되었다고 한다.

이 책은 「추도사」로 시작되는데, 이는 전통적인 군인의 시대에 종언을 고하는 것이다. 그는 말한다.

> "우리가 아는 군인의 시대는 끝나 가고 있다. 지난 3천 년 동안 군인은 세계사의 동력이자 공포와 경탄, 경악의 대상이었다. 수많은 나라를 짓밟고 문화를 파괴하고 민족을 말살했다. 총칼로 흘린 피를 모으면 커다란 호수를 채우고도 남을지 모른다. 군인은 누구보다 많은 고통을 가했지만, 누구보다 스스로 더 큰 고통을 받을 때도 많았다. 다만, 군인이 없었다면 세상은 앞으로 더 나아가지 못했을지 모른다.
>
> 이미 히로시마 원자폭탄 때부터 전통적인 의미의 군인은 사라지기 시작했다. 장차 폭탄은 무인전투기로 대체될 것이고, 전사의 자리도 전투로봇이 차지할 것이다."[8)]

책 제목에서 요약했듯이, 그는 군인은 영웅, 희생양, 괴물로 불린다고 본다. 군인은 전대미문의 용맹성을 보인 극히 드문 예외적인 경우 영웅이란 명칭을 받기도 하지만, "지배자들에 의해 도살장에 내몰리는 희생양"이라고 평가받기도 한

7) 이 사례의 내용은 아래 책을 참조하였다.
볼프 슈나이더, 박종대 옮김, 『군인』, 열린책들, 2015.
8) 볼프 슈나이더(2015, 9)

다. 그러나 그는 영웅 찬양이나 그와는 대척점에 있는 희생양 관점은 모두 진실과는 관련이 없다고 본다. "예부터 군대는 강자건 약자건, 싸움꾼이건 겁쟁이건, 적에게 압도되거나 적이 무서워 도망치지 않고 죽을 각오로 적을 쳐 죽일 준비가 된 남자로 만드는 기술에 그 본질이 있었다."고 말한다. 그러기에 군인은 쉽게 괴물이 된다는 것이다.

볼프 슈나이더는 책의 1부 제목을 「이제 전쟁에는 군인이 필요없다」로 정하고, 그 이유를 〈무인 전투기가 그 역할을 대신하기 때문이다.〉, 〈핵미사일이 대기하고 있다.〉, 〈자살 폭탄 테러범들은 기다리지 않는다.〉, 〈유격대가 승리한다.〉, 〈컴퓨터가 떠맡는다.〉라는 4가지 챕터로 설명하고 있다. 즉, 변화된 전쟁양상과 새로운 무기체계, 군사과학기술의 발달은 인간 군인보다 더 공격적으로, 무서워하거나 도망치지도 않으면서 가차없이 적을 쳐 죽일 태세를 갖춘 다른 군인으로(로봇, 컴퓨터, AI, 용병 등) 대체되리라는 것이다.

■ 생각할 문제들

(1) 군인이 존재하는 이유가 무엇인가?

- '(국가)공동체를 방위할 목적'이라는 의미를 구체적으로 생각해 보라.
- 방위 목적이 아닌 침략이나 탈취 목적으로 군을 사용하는 경우를 어떻게 볼까?
- 약육강식의 힘의 논리를 인류 사회에 그대로 적용하는 것이 바람직한가?

(2) 볼프 슈나이더의 주장대로 미래 군인은 인간 대신 기계(AI나 로봇 등)로 대체하는 것이 옳을까?

- 약육강식의 힘의 논리가 지배하는 것이 사실이라면, 아무런 감정적 동요 없이 프로그램된 대로 가차없이 움직이는 기계로 전쟁을 수행하게 하는 것이 더 낫지 않은가?
- 미래에도 기계가 아닌 인간이 군의 업무를 담당해야 한다면 무슨 이유 때문인가?

■ 사례 2: 군인은 무엇을 위해, 왜 싸우는가?[9)]

2016년도 2월 국내에 개봉되었던 라즐로 네메스(Laszlo Nemes) 감독의 영화 「사울의 아들(Son of Saul)」은 2015년 칸 영화제에서 심사위원 대상을 포함한 4개 부문과 아카데미 외국어 영화상 부문까지 석권한 바 있다. 이 영화는 아우슈비츠 수용소에서 유태인 동족들의 시체를 처리하는 작업인부인 '존더코만도'였던 사울이란 인물에 대한 이야기를 극화하고 있다.

아우슈비츠 피해자 집안 출신인 라즐로 네메스 감독은 홀로코스트(holocaust)를 주제로 한 기존의 영화들과는 다른 방식으로 이 문제에 접근했다. 그는 「쉰들러 리스트」나 「인생은 아름다워」 등 우리에게 잘 알려진 영화들이 휴머니즘과 추상적 접근으로 홀로코스트의 참상을 잊게 만든다고 생각했다. 그는 영화를 통해 관객들이 홀로코스트라는 지옥을 체험하고 그에 대한 새로운 증인이 되어 그 고통을 잊지 않기를 원했다고 한다.

이 영화를 통해 전쟁이 인간을 얼마나 끔찍한 참화로 몰아가는지, 또한 인간이 어디까지 악해질 수 있는지 생각하게 된다. 그러나 냉혹한 사람들은 오직 야수적인 힘만이 지배하는 전쟁 상황 속에서 힘없는 민간인을 학살하는 것은 당연한 부산물인 것처럼 주장할 수도 있다.

당신의 생각은 어떠한가?

■ 생각할 문제들

(1) 전쟁 속에서 발생하는 참상들에 대해 생각해 보라.

- 민간인 학살에 대한 역사적 사례를 찾아보라.
- 전쟁 중에 민간인 학살 외에 어떤 참상들이 벌어지는지 의견을 나누어보라.

---

9) 이 사례는 필자가 국방부(2016)에 실었던 내용을 일부 수정 · 보완하여 옮긴 것임을 밝힌다.

(2) 영화 「사울의 아들」을 보고 느낀 점을 나누어 보라.

- 전쟁 속에서 겪는 인간의 고통과 절망, 특히 무고한 희생자들이 겪는 비극이 어떠한가?
- 군인으로서 당신이 참여하는 전쟁은 그러한 비극을 발생시키기 위한 것인가? 종결시키기 위한 것인가?

(3) 전쟁 중 군인이 민간인을 학살하는 것은 불가피한 것인가? (전쟁법상 적법한 상대의 군사적 목표를 타격하는 과정에서 발생하는 부수적 피해는 허용된다.[10])

- 홀로코스트와 같은 대규모 학살과 달리 군사적 성공을 위해 소수의 민간인을 사살하는 것은 용인될 수 있는가?
  - 과거 끔찍한 학살을 행했던 군인들도 '군사적 성공'을 이유로 들지 않았을까?
  - 군사적 성공을 위해 일부 민간인을 상해 · 사살해도 된다면, 우리는 왜 테러를 자행하는 세력들을 규탄하는가?
- 군사적 성공을 위해 민간인을 상해 · 사살할 수 없다고 말하기가 주저된다면, 이유가 무엇인가?
  - 생사가 걸린 전장 상황에서 어떤 상황에서도 민간인을 보호하려고 할 때 어떤 위험(어려움)에 처할 수 있는가?
  - 위험이나 실패 가능성이 증가한다고 해서 민간인을 상해 · 살상해도 되는가?

    ※ 소방관이 너무 불길이 심하다고 그 자리를 회피해도 되는가?
  - 인도주의적 원칙을 우선하는 전쟁법, 전쟁윤리를 지키는 것이 장기적인 차원에서 군 전투력 향상과 전쟁에서의 승리에 어떻게 유익을 줄 수 있는지 생각해 보라.

---

10) 국방부, 『전쟁법 해설서』, 국방부, 2010. 122쪽, 127~128쪽 참조.

⑷ 군인은 무엇을 위해, 왜 싸우는지 생각해 보라.

- 전쟁 중 발생할 수 있는 많은 불행한 일들 중 감수할 수 있는 것과 어떤 일이 있어도 용납할 수 없는 것이 무엇인지 생각해 보라.
- 전쟁에는 많은 비극적 결과가 따른다. 그럼에도 불구하고 전쟁을 해야 하는가? 해야 한다면, 어떤 경우에 해야 하는가?
- 군인은 어떤 전쟁을 해야 하는가 정리해 보라.

■ 사례 3: 앞으로의 전쟁은 어떻게 될까?

전쟁이란 "둘 이상의 서로 대립하는 국가 또는 이에 준하는 집단이 군사력을 사용하여 상대에게 자신의 의지를 강제하는 행위 또는 그 상태"로 정의된다.[11) 이러한 개념은 전쟁을 정치의 연장으로 보는 클라우제비츠의 근대 전쟁관에서 크게 벗어나지 않는 것으로 평가된다.[12) 그런데 다수의 학자들은 20세기를 지나면서 전쟁이 변화하고 있다고 지적하고 있다.

먼저, 에릭 홉스봄은 '기술 · 경제활동'과 '세계화'라는 상호 연계된 두 가지 현상이 지배하는 세계 속에서 폭력의 극단까지 치달았던 20세기 전쟁과는 다른 21세기 전쟁을 예상한다.[13)

다키 고지는 '정치-전쟁'의 구도로만 단순화시키는 근대 전쟁관에서 벗어나, 전쟁을 정치 · 경제 · 문화 등 세계의 다양한 영역이 서로 얽혀있는 복합적인 것으로 이해해야 한다고 주장한다. [14)

또한 2015년 노벨문학상을 수상한 바 있는 스베틀라나 알렉시예비치(Светл

---

11) 인터넷 두산백과, "전쟁" (http://terms.naver.com/entry.nhn?docId=1139783&cid=40942&categoryId=31734 : 2017. 6. 25. 검색)
12) 다키 고지, 지명관 옮김, 『전쟁론』, 소화, 2001. 15쪽.
13) 에릭 홉스봄, 이원기 옮김, 『폭력의 시대』, 민음사, 2008. 8쪽.
14) 다키 고지(2001, 11~12)

ана Алексиéвич)는 그녀의 대표작 중 하나인 『전쟁은 여자의 얼굴을 하지 않았다.』에서 기존 전쟁관은 남성 중심의 것이라고 지적하며 '여성'이란 범주가 포함되는 새로운 전쟁 개념으로 우리의 인식을 확장하도록 용기있게 도전한다.15) 그녀는 다음과 같이 말한다.

> [많은 전쟁에 관한 책들이 있었지만] 그건 모두 남자들의 목소리를 들려준 것이다. … 우리는 모두 '남자'가 이해하는 전쟁, '남자'가 느끼는 전쟁에 사로잡혀 있다. '남자'들의 언어로 쓰인 전쟁. 여자들은 침묵한다. 나를 제외한 그 누구도 할머니의 이야기를 묻지 않았다. 나의 엄마 이야기도. 심지어 전쟁터에 나갔던 여자들조차 알려들지 않았다. … 여자들이 이야기할 때, 그들의 이야기에는 우리가 읽거나 들어서 익숙한 내용, 그러니까 어떤 이들이 얼마나 영웅적으로 다른 사람들을 죽이고 승리를 거뒀는지, 아니면 어떻게 패배했는지, 어떤 기술들이 사용됐고 어떤 장군이 활약했는지 따위의 내용은 아예 없거나 거의 등장하지 않는다. 여자들의 이야기는 전혀 다른 것이고, 또 여자들은 다른 것을 이야기한다.16)

위의 견해들을 참고해서 전쟁의 변화에 대해 아래 질문들을 생각해 보라.

■ 생각할 문제들

(1) 전쟁 개념이 변화한다는 점에 대해서 생각해 보자.

- 전쟁 개념이 불변의 것이 아니라 역사적 맥락에 따라 변화한다는 점에 대해 생각해 보라.
  - 근대 '국가' 개념이 없던 시대에 전쟁은 어떠했는가?

---

15) 스베틀라나 알렉시예비치, 박은정 옮김, 『전쟁은 여자의 얼굴을 하지 않았다』, 문학동네, 2015.
출판 전 국가검열에 적발되어 2년간 지연되다가 1985년에 출판된 이 책은 제2차 세계대전에 참전했던 구소련, 우크라이나, 벨라루스 여성 200여 명을 취재하여 전쟁에 대한 여성의 목소리를 생생하게 전해주고 있다.

16) 스베틀라나 알렉시예비치(2015, 17).

– 근대 국가와 같이 '상비군'이 없던 시대에 전쟁은 어떠했는가?

- 오늘날 문제가 되고 있는 '테러리즘'은 기존 전쟁 개념으로 어떻게 설명할 수 있는가?
  – 설명하기 곤란하다면, 기존 전쟁 개념을 어떻게 수정해야 할까?
- 앞으로 변화되는 전쟁이 20세기와 같이 국가 단위의 대규모 폭력이 충돌하는 양상으로 벌어지기 힘들게 된다면, 군인은 어떤 역할을 하고 어떤 능력을 갖추어야 할까?
  – 군인의 전문직업적 기술과 능력이 단순히 전쟁기술에 관한 것으로 국한되지 않을 수 있다는 점에 대해 생각해 보라.

(2) 정치 혹은 군사력 외의 영역을 포함한 전쟁에 대해 생각해 보라.

- 당신이 생각하는 전쟁의 정의(定意)는 무엇인가?
  – 전쟁 개념 속에 '경제', '문화', '여성' 등은 포함되어 있는가?
  – 전쟁 역사 속에서 '경제', '문화', '여성'과 무관한 전쟁이 있었는가?
- 전쟁을 '경제', '문화', '여성'이란 영역을 포함하여 재정의할 때 전쟁에 대한 우리의 인식은 어떻게 변화할 수 있는가?

(3) 기존 전쟁 논의에서 '여성' 요소를 포함하지 않은 것이 어떻게 문제가 되는지, 새롭게 '여성' 요소를 고려할 때 전쟁에 대해서 어떠한 확장된 논의가 가능한지 생각해 보라.

- 전쟁의 역사 속에서 여성들이 어떤 수난을 당했는가 생각해보라.
  – 그런 수난이 불가피한 것인가? 정당화될 수 있는가?
- 전쟁 속에서 여성들이 어떠한 역할을 담당했는가 생각해보라.
  – 전쟁에 직접 참전한 여성들을 찾아보라.
  – 참전하지 않은 여성들은 전쟁과 무관한 삶을 살 수 있었을까?
- 여성을 포함한 전쟁 개념에 입각해서 볼 때, 군 내 여성(여군)에 대한 우리의 인식에 어떤 문제점이 있는가 생각해 보라.

- 페미니스트들이 지적하듯, 기존 군(인), 전쟁에 대한 인식이 너무 남성 중심적이지 않은가?
- '승리 효율성'을 이유로 여군을 부정적으로 보는 시각이 정당화될 수 있는가?
  - 근력 위주로 군인 개인의 전투력을 따지는 데서 벗어나서 다른 기준(과학기술 시대에 맞는 지력이나 여러 전문능력 등)을 가지고 전투력을 생각해 볼 수도 있지 않은가?
  - 군에서 '승리 효율성' 외에 다른 가치(예를 들어 평화, 민주주의적 가치 수호 등)도 중요하다면, 군 내 여군의 역할과 능력에 대해 다른 평가도 가능하지 않을까?

제3장 전쟁윤리

1. 문제제기

대한민국 군인은 「헌법」 제5조 2항[17]에도 명시되어 있는 바와 같이 국가의 안전보장과 국토방위의 의무를 수행해야 한다. 이를 위해 유사시에는 적과 전쟁을 해야 하는 막중한 책임을 가진다. 특히 전쟁은 한 번 발생하게 되면 많은 인명과 재산 피해를 양산할 뿐만 아니라 국가의 존망까지 위태롭게 할 수 있는 중대한 일이다.

많은 사람들은 전쟁에서는 2등이 없으며 역사는 승자의 기록일 뿐이라고 이야기하며 어떠한 수단과 방법을 사용해서라도 승리하는 것이 가장 중요하다고 주장한다. 하지만 이러한 생각은 전쟁 중에 발생하는 수많은 사람들의 무고한 희생, 인간 존엄성 훼손, 대량학살 등과 같은 끔찍한 일들에 대해 침묵하거나 오히려 "어쩔 수 없다."는 말로 은근슬쩍 정당화할 가능성이 높다.

그렇다면 과연 전쟁에서 오로지 승리만이 중요하다는 생각은 옳은 생각일까? 전쟁을 한다면 어떤 전쟁을 해야 할까? 정당화할 수 있는 전쟁은 어떤 전쟁인가? 전쟁 중에는 그 어떤 행위나 그 어떤 방법과 수단이라도 허용될 수 있는가? 이와 같은 질문에 대한 대답을 찾고자

17) 앞의 1부 각주 47) 참조.

하는 것이 바로 전쟁윤리이다.

이번 장에서는 전쟁윤리를 탐구하기 위한 기초논의로서 먼저 전쟁에 대한 3가지 관점과 전쟁윤리의 개념과 필요성을 살펴본 뒤, 전시 군인과 지휘관이 경험하게 되는 난해한 도덕적 책임 문제에 대해서 간략히 다룰 것이다. 말미에는 전쟁윤리에 대한 종합적 이해를 도울 수 있도록 여러 사례를 덧붙였다.

2. 기초논의

1) 전쟁에 대한 3가지 관점[18]

본격적으로 전쟁윤리를 논의하기에 앞서 전쟁윤리가 추구하는 의미와 논점을 이해하기 위해서는 전쟁에 대한 여러 관점에 대해 살펴볼 필요가 있다.

---

18) 대체로 사람들은 저마다 전쟁에 대한 직관적 지식은 가지고 있지만, 정작 "전쟁이란 무엇인가?"라고 물으면 명확하게 답변하기 곤란해 한다. 전쟁은 바라보는 주체의 특성에 따라 견해가 달라질 수 있으며, 특히 예전에 비해 비약적으로 발전한 과학기술이 전쟁의 경계를 모호하게 만들고 있기 때문에 전쟁에 대한 정의를 더욱 어렵게 하고 있다. 하지만 적어도 누구나 동의할 만한 전쟁에서 포함될 요소는 ① 전쟁은 사람 사이의 싸움이며 동시에 ② 개인의 싸움이 아닌 잘 조직된 정치집단 특히 국가 사이의 싸움이라는 점이다. 전쟁의 정의와 관련해 가장 널리 인용되는 견해로는 클라우제비츠의 "전쟁은 적에게 우리의 의지를 실행하도록 강요하는 폭력행위"라는 정의와 국제법의 아버지인 H.그로티우스의 "무력을 이용해서 싸우는 상태"라는 정의를 꼽을 수 있다. 이 책에서는 전쟁의 범주나 개념을 통상적으로 수용된 범위로 한정시켜 사용하겠다. (전쟁의 정의에 관한 논의는 김준형, 『전쟁하는 인간』, 풀빛미디어, 2016. 16쪽 참조.)

한 통계에 따르면 인류 역사에서 전쟁이 없었던 기간은 불과 8%밖에 되지 않는다고 한다. 전쟁은 크게는 정치, 경제, 사회, 문화 전반에 걸친 변화를 가져왔으며 작게는 이름 모를 한 사람의 인생을 좌우하기도 했다. 그만큼 전쟁은 늘 인류에게 지대한 영향을 끼친 사건이며, 거대한 주제이자 문제이다.[19] 전쟁이 인간 삶에 끼친 영향력만큼이나 그에 대한 매우 다양한 관점과 이론이 등장하여 왔다.[20] 수세기간 이어 온 많은 견해를 일일이 살펴본다는 것은 여력이 안 될 뿐 아니라 이 책의 목적에도 맞지 않는다. 여기서는 본 장의 주제와 부합하는 대략적인 분류를 따라 평화주의, 현실주의, 정의전쟁론이라는 3가지 입장에서 전쟁에 대해 살펴보겠다.[21]

(1) 평화주의(pacifism)[22]

평화주의는 기본적으로 어떤 경우라도 무력 또는 폭력이라는 수단

19) 김준형(2016, 5).
20) 이와 관련된 주장은 동서양 및 시대를 구분하지 않고 꾸준히 제기되는 문제이다. 동양에서는 춘추전국시대의 혼란기를 극복하기 위해 등장하는 유가에서 제시하는 의전론(義戰論), 묵가의 반전론(反戰論) 및 도가의 비전론(非戰論)이 대표적인 관점이라 할 수 있으며, 서양에서는 중세 기독교에서 제시하는 성전(聖戰)이나 칸트의 영구평화론, 헤겔의 전쟁론 등이 대표적이라 할 수 있다.
21) 이 분류는 국제정치학이나 전쟁철학에서 주로 사용하는 분류로 Nicholas Fotion에 의해 정립되었다.
22) 평화주의의 경우에도 세부적으로 살펴보면 다양한 형태로 구분할 수 있다. 모든 생명에 대한 살생 자체를 반대하는 생명 중시의 평화주의와 살생 이외의 모든 폭력을 반대하는 기독교적 평화주의와 같은 보편 평화주의, 개인의 폭력은 반대하지만 정치적 폭력은 승인할 수 있다는 개인평화주의 등이 있다. 이에 대해서는 Douglas, P. Lackey, 최유신 옮김, 『전쟁과 평화의 윤리』, 철학과 현실사, 2006. 31~55쪽 참조.

을 부정하며, 전쟁 또한 인류에게 벌어지면 안 되는 가장 부정한 행위라고 주장한다. 이러한 주장의 가장 큰 근거는 전쟁은 승리를 위해서 도덕적 관점[23]에서 금지하고 있는 반도덕적(immoral) 행위 예컨대, 살인, 방화, 허위 등을 모두 허용하기 때문이다. 동시에 아무리 피해를 최소화하고 명분이 정당한 전쟁이라고 할지라도 어느 쪽이든 인명의 손실이 초래되기 때문에 어떤 명분과 의도가 있다 하더라도 무력 및 폭력은 정당성을 보장받을 수 없다는 것이다.

이러한 주장은 비폭력평화주의자로서 인도의 독립을 이끌었던 지도자 간디(Mahatma Gandhi)나 인간의 선의지 및 실천이성을 강조하며 상비군의 폐지까지도 주장하였던 칸트(I. Kant)[24] 등이 역설한 바 있다.

하지만 이러한 평화주의자들의 주장을 모두가 동의하지는 않았다.

---

23) 도덕적 관점이라는 것은 사실적인 것(the fact)과 구별되는 것이다. 예를 들어 '사과의 색깔이 빨갛다.' 또는 '그 남자의 키는 170cm이다.'와 같은 것은 실증적이고 객관적으로 확인할 수 있는 하나의 사실이다. 하지만 도덕적인 것은 인간이 행하는 행위에 대한 가치판단(value judgement)을 하는 것으로 어떤 행위가 옳다(right) 또는 그르다(wrong)와 같이 행위의 정당성에 대해 평가가 가능한 것이다. 이처럼 우리는 어떤 행위나 사건을 도덕적인 것(moral)과 반도덕적(immoral)인 것, 그리고 비도덕적(non-moral: 도덕적인 것과 무관한)인 것으로 구분할 수 있으며, '사실적인 것'은 도덕적 판단을 할 수 없는 비도덕적 문제라 할 수 있다. 이와 관련해서는 James Rachels, 노혜련 · 김기덕 · 박소영 옮김, 『도덕철학의 기초』, 나눔의 집, 2006. 50~51쪽 참조.

24) 칸트의 전쟁에 대한 견해는 『영구평화론』에서 잘 드러난다. 이는 칸트의 마지막 저서로 인류의 영원한 평화를 갈망하며 자신의 윤리이론을 바탕으로 영구평화를 위한 예비 · 확정 · 추가 조항을 통해 구체적인 절차와 지향점을 제시하고 있다. 이에 대해서는 오정민, "칸트의 『영구평화론』과 그에 대한 현재적 논의", 『철학논구』 41권, 2013. 159~186쪽 참조.

평화주의를 비판하는 사람들은 평화주의는 오히려 현실적 문제를 해결하지 못하는 다분히 이상적인 주장이며 이는 차후 더 큰 문제를 야기할 수 있다는 것이다. 홉스(T. Hobbes)와 같이 인간의 원초적 상태를 '만인의 만인에 대한 투쟁'과 같은 모습으로 생각하는 사람들 또한 평화주의자들의 주장은 인간의 본성을 과도하게 신뢰하는 것이라 생각한다. 그들은 "상대가 부정의(不正義)한 방법으로 나를 공격하는데 어떻게 나는 정당한 방법으로 이를 막을 수 있을 것인가?" 또는 "국가의 존망과 생명이 달린 긴박하고도 결정적 상황에서는 어떠한 방법을 사용하더라도 인정할 수 있는 것 아닌가?"와 같은 질문을 던지며 아래와 같은 현실주의를 주장한다.

(2) **현실주의(realism)**

현실주의자들은 평화주의자들과는 달리 전쟁과 도덕은 서로 무관한 문제(non-moral problem)로 인식하며 전쟁에서는 승리를 달성하는 것이 최선의 가치라고 주장한다.[25] 동시에 인류 역사에서 끊인 적이 거의 없는 전쟁은 인간의 본성에서부터 출발하는 것으로 인정해야 함을 역설한다. 이기적 본성을 가진 인간이 모여 형성된 집단은 자연스럽게 개인 또는 집단의 이익을 추구할 것이고 한정된 자원과 권리를 배분하고 소유하는 과정에서 이기적 집단(개인) 간 충돌은 불

25) 이러한 현실주의자들 또한 전쟁을 선호하거나 권장하는 것은 아니다. 하지만 평화라는 것은 무력을 동반한 힘의 균형이 유지되어야만 가능한 것이며 만약 이러한 균형이 무너지게 된다면 자연스럽게 이익을 추구하는 집단 간의 무력충돌은 필연적으로 발생할 수밖에 없다고 본다. 이에 대해서는 김준형(2016, 30) 참조.

가피하게 발생할 수밖에 없다고 보는 것이다. 따라서 만약 국제사회에서 전쟁이 발생한다면 그 과정에서 이루어지는 모든 행위는 가치판단의 대상이 아니며, 하나의 사실(the fact)적 관점으로 받아들여야 한다고 본다.

이러한 현실주의적 사고는 고대 그리스 시대의 철학자 트라시마코스(Thrasymachos)로부터 근대의 인간의 이기적 본성을 전제하는 홉스와 전쟁을 인류의 역사성으로 이해하고 있는 헤겔(Georg Wilhelm Friedrich Hegel), 그리고 군사이론가 클라우제비츠(Karl von Clausewitz)까지 다수의 사상가들에서 확인할 수 있다.[26)]

하지만 이러한 현실주의는 인간의 이기적 본성을 전제하는 까닭에 이에 대해 동의하지 않는 입장에서는 받아들이기 어려운 상당히 과격한 주장일 수 있다. 더불어 어떠한 수단이라도 허용할 수 있다면 전승(戰勝)이라는 목적 아래 대량학살을 정당화할 수 있는 위험이 내재되어 있다. 나아가, 전쟁에서 그 어떤 제한도 없다면, 폭력을 제어하기 위한 더 큰 폭력만이 요구되는 무법적 국제질서가 형성될 우려가 있다는 점은 부인할 수 없는 한계라 할 수 있다.

(3) 정의전쟁론(just war theory)

정의전쟁론은 앞서 살펴본 평화주의와 현실주의가 각각 평화와 전

---

26) 군사이론가로서 저명한 클라우제비츠는 "전쟁은 이론상으로는 제한이 있을 수 없는 형태의 폭력행위"라 규정하며 전쟁에서 사용하는 전술 및 무기는 모든 측면에서 전혀 구애받지 않는 가운데 진행될 것임을 주장한다. 이와 관련해서 Michael Walzer, 권영근 외 옮김, 『마르스의 두 얼굴』, 연경문화사, 2007. 98쪽 참조.

쟁 일변도로 치우친 것과는 다른 전쟁에 대한 제3의 관점으로 접근한다. 즉, 평화만 존재하는 세계도 전쟁만이 모든 것을 지배하는 세계도 회의(懷疑)한다. 비록 인류가 평화를 희구하더라도 전쟁의 가능성을 부정하지 않는다. 따라서 이제 관건은 "어떤 전쟁을 할 것인가?"로 귀착된다.

이러한 관점은 그리스와 로마의 기독교 철학에서부터 출발하였는데 이후 키케로(Marcus Tullius Cicero), 성 아우구스티누스(Augustinus), 토마스 아퀴나스((Thomas Aquinas) 등과 같은 성직자 및 철학자들을 통해 점차 발전하였다.[27] 이후 큰 관심을 받지 못하다가 20세기 중반 제1차, 제2차 세계대전을 겪으며 현실주의를 바탕으로 한 무분별한 전쟁의 참상을 뼈저리게 실감하게 되면서 재조명받게 되었다. 이를 통해 과거 논의되었던 정의전쟁의 문제를 현대의 국제질서 및 전쟁양상에 맞춰 변모시키게 되었다.[28]

시대에 따라 정의전쟁론에 대해 주목한 배경은 다르지만 이들의 공통적 주장은 전쟁 자체를 부정하는 평화주의자들과는 다르게 전쟁은 최후의 수단으로서 허용가능하다는 입장이다. 동시에 무분별하고 정의롭지 못한 전쟁을 방지하고 전쟁 수행간 그리고 전쟁 수행 후의

27) 초기 정의전쟁론은 기독교의 평화주의를 대체하여 십자군 전쟁과 같은 종교 전쟁의 정당성을 확보하기 위한 일련의 노력에서 출발하였다. 이를 통해 알 수 있는 점은 정의전쟁론이라는 이론적 논의는 현대에 와서 갑자기 등장한 개념이 아니라 평화주의나 현실주의와 더불어 오랜 기간 인류의 역사에 검토되어 왔던 개념임을 알 수 있다. 이와 관련해서는 강진석, 『현대전쟁의 논리와 철학』, 동인, 2012, 336~337쪽 참조.

28) 정의전쟁론의 현대적 해석 및 적용의 문제는 마이클 왈쩌(M.walzer)에 의해 정립되었다.

정의(justice)에 대한 논의를 함으로써 참혹한 전쟁 속에서라도 인간으로서의 존엄성을 확보하고자 하였다. 다시 말해, 인간사회에서 전쟁의 가능성을 부정할 수는 없지만 전쟁에서도 모두가 수용할 수 있는 보편적인 기준이 있으며 이를 준수한다면 전쟁을 최대한 억제할 수 있고 만약 전쟁이 발생한다 하더라도 현실주의에서 초래할 수 있는 극단적인 결과나 부당한(unjust) 행위는 방지할 수 있다고 보는 것이다.

요컨대, 정의전쟁론은 전쟁에서의 정당성에 대한 광범위한 논의를 다루고 있는 이론이며 정의 문제, 즉 옳음(right)을 추구한다는 점에서 전쟁윤리의 기본정신을 담고 있다.

2) 전쟁윤리란 무엇인가?[29)]

(1) 전쟁윤리의 개념과 특징

앞선 장에서 전쟁에 대한 3가지 관점을 간략히 살펴보았다. 정의전쟁론은 전쟁이라는 현실은 인정하되, 전쟁에서도 인간이 마땅히 지키고 준수해야 할 보편적 준칙이 있다고 주장한다. 이러한 정의전쟁론은 오늘날 전쟁윤리에서 대표적인 논의 중 하나이며, 정의전쟁론이 내포하고 있는 기본정신이 바로 전쟁윤리가 지향하는 중요한 정신이라 할 수 있다. 따라서 전쟁윤리는 전쟁에서 올바른 그리고 정의로운

29) 이 장은 조승옥 외(2010)의 2장 부분을 참고하여 정리하되, 일부 현대 전쟁윤리 개념을 추가하여 보완하였음을 밝힌다.

행위가 무엇인지, 그러한 행위를 판단하는 기준은 무엇인지를 탐구하는 것이라 할 수 있다. 뒤에서 다룰 전쟁의 도덕(*jus ad bellum*: morality of war), 전시도덕(*jus in bello*: morality in war), 전후도덕(*jus post bellum*: morality of post-war)이 바로 여기에 해당한다.

전쟁과 관련한 윤리 문제에 포함될 수 있는 주제는 매우 광범위하고 다양하다고 볼 수 있다.[30] 또한, 전쟁윤리는 폭력이 난무하는 전쟁이라는 특수한 상황 속에서 윤리를 논하기 때문에 일반윤리와는 구분되는 응용윤리의 관점에서 접근 및 해석해야 할 필요가 있다.

전쟁 속에서 제기되는 윤리적 문제들은 그 어떤 경우보다 그 내용과 결과가 심각하다. 그런데 인간을 극한의 상황 아래 놓이게 하는 전쟁은 정상적인 판단과 결심을 어렵게 한다. 즉, 전쟁과 관련되어 마주치는 윤리적 문제들이 갖는 심대한 영향력을 고려할 때 일반적인 윤리적 상황과 비교할 수 없을 만큼 더 올바른 판단이 요구되고, 그 판단에 따라 결심한 대로 반드시 실천될 것이 요구되지만, 역설적으로 전쟁 자체가 짓누르는 제약이 극심하여 올바르게 판단하고 실천하는 것을 매우 어렵게 만드는 것이다.[31] 전쟁윤리의 실천은 이러한 한계를 극복해야만 가능한 것이며, 군인은 그만큼 높은 수준의 도덕성

---

30) 고대 전쟁이 한정된 공간에서 벌어진 쌍방 전투원들 간의 충돌의 모습으로 나타났다면, 현대전은 급격한 사회문화적 변화와 더불어 대량살상무기 및 첨단무기체계가 등장함으로써 하이브리드(hybrid)전쟁의 형태로 나타난다. 이는 전쟁에서의 주체와 범위 그리고 수단의 확장을 의미하는 것으로 전쟁양상이 다양화되고 복잡해짐에 따라 전쟁윤리의 논의 주제 및 범주 또한 확장될 수 있다는 점을 시사한다.

31) 게다가 급격하게 변화하는 미래 전장양상은 더욱 다양하고 복잡한 윤리적 판단 및 결심을 요구할 것으로 예측된다.

을 요구받는 것이다.

(2) 전쟁윤리의 필요성

윤리 자체가 왜 중요한지, 그리고 군의 존재 이유와 목적 측면에서 군대윤리가 갖는 본질적 의의가 무엇인지 등에 관해서는 이 책의 1부에서부터 반복적으로 강조한 바다. 그러한 견해는 전쟁윤리 부분에도 연속된다. 여기서는 군인으로서 전쟁윤리를 이해하고, 이를 바탕으로 임무를 수행하는 것이 왜 필요한지 몇 가지 이유를 짚어보고자 한다.

첫째, 전쟁윤리는 전시에 인간으로서의 존엄성을 보장하고, 궁극적으로 평화를 이룩하는 데 중요한 역할을 할 것으로 본다. 전쟁이라는 폭력의 장에서 인간의 존엄성이 파괴되는 것은 어쩔 수 없다고[혹은 당연하다고] 여기는 이들도 있다. 그러나 전쟁윤리는 전쟁 중에 모든 것이 허용되는 것은 아니며, 그 안에서 인간으로서 행할 수 있는 행위의 한계가 있다고 주장한다. 또한 전쟁윤리는 인간이 선택할 수 있는 전쟁과 선택할 수 없는 전쟁을 윤리적 정당성 차원에서 문제 삼음으로써 불필요한 전쟁을 최소화하고자 한다. 결국 이를 통해 전쟁윤리는 무력충돌의 파괴적인 영향력으로부터 인간[전장의 군인을 포함한] 존엄성을 보호하고, 나아가 무분별한 전쟁을 제한해 국제사회의 평화에 기여할 수 있다.

둘째, 전쟁윤리는 군인의 본질적 정체성과 관계된다. 군인은 '전투원'이라는 특수한 사람임과 동시에 이성을 바탕으로 자유의지를 발휘하는 '인간'이라는 보편적 사람이기도 하다. 그럼에도 불구하고 전쟁이라는 극단의 상황에서는 종종 '인간'임을 망각하고 오직 '전투원'으로서 움직이게 된다. 마치 '전투원'으로서의 의무와 '인간'으로서의 의무가 상충하는 것이라고 생각하는 것이다.

그러나 전쟁윤리는 '인간'으로서의 의무를 충족하는 가운데 '전투원'으로서의 의무를 수행할 것을 요구하며, 그것이 군이 사회에 갖는 책임이자 가치라고 본다. 전쟁을 고유한 임무로 하는 군인에게 이러한 이중의무는 숙명과도 같으며, 군인의 본질적 정체성에 속하는 것이라 할 수 있다. 전쟁윤리는 이와 같은 군인 고유의 정체성과 관계된 부분을 다룬다는 점에서 매우 중요하다고 하겠다.

셋째, 전쟁윤리의 필요성은 역사적 교훈을 통해 더욱 강조된다. 역사적으로 제1차 세계대전은 군인과 민간인을 포함해 약 3천 8백만 명의 사상자가 발생하였으며,[32] 제2차 세계대전의 경우 사상자가 약 5천 5백만 명에 이르는 것으로 알려져 있다.[33] 제2차 세계대전 당시 독일군은 유대인들에게 '홀로코스트(holocaust)'로 알려진 인종말살을 시도했으며, 동시대에 일본군은 난징대학살과 한국인들에 대한 강제징용과 징집, 위안부 동원 등을 자행하였다. 베트남전 당시에는 미군이 미라이 사건과 같은 민간인 학살을 저질렀으며, 최근까지도 아프리카나 중남미 국가들의 군사분쟁에서는 인종청소와 종교적 학살 행위가 끊이지 않고 있다.

이와 같은 역사적 사례들은 통제되지 않는 전쟁이 인류사회와 문

---

32) http://www.historylearningsite.co.uk/world-war-one/world-war-one-and-casualties /first-world-war-casualties/ : 2017. 6. 14. 검색.

33) http://www.historylearningsite.co.uk/world-war-two/military-casualties-of-world-war-two/ : 2017. 6. 14. 검색.
통계에 따라 제2차 세계대전 사상자 수를 7천만여 명까지 추산하는 경우도 있다.

명을 위협할 만큼 위험하고 광포한 것이라는 사실을 여실히 보여준다. 이로 볼 때, 비단 전쟁윤리는 전쟁 사후 처리 과정에서 전쟁범죄의 법적 책임 문제 때문에 지켜야 할 것이 아니다. 전쟁이 인류에게 끼치는 심대한 위험을 자각하고, 인류의 평화로운 미래를 위해 고민하고 실천해야 하는 문제인 것이다.

3) 전쟁윤리의 3가지 주제[34)]

(1) 전쟁의 도덕(*Jus ad bellum*, Morality of war)

'전쟁의 도덕'은 어떤 전쟁이 정당화될 수 있는 전쟁인지, 즉 도덕적으로 허용 가능한 전쟁은 어떠한 요건을 만족해야 하는지에 대한 문제이다. 이 문제가 중요한 이유는 만약 정당한 전쟁에 대한 기준이 부재하거나 모호하다면 사전에 전쟁 결심과정에서 그릇된 판단을 예방하기 어려울 뿐만 아니라 무차별적으로 전쟁을 허용할 수 있기 때문이다. 다시 말해, '전쟁의 도덕'은 무분별한 전쟁을 억제하고 전쟁 자체의 범주를 제한하여 국제사회의 평화적 문제해결을 추구하는 매우 중요한 논의라 할 수 있다.

그렇다면 이를 판단하기 위해서는 어떠한 요소를 고려해야 할까? 널리 알려진 기준으로는 중세 성직자이자 철학자인 그로티우스(H.

---

34) 전통적으로 전쟁윤리에 대한 논의는 전쟁의 도덕(*jus ad bellum*: morality of war)과 전시 도덕(*jus in bello*: morality in war)으로 구분하여 진행되었다. 하지만 걸프전 및 코소보 사태 이후 전후 도덕 또는 전쟁종결 후의 도덕(*jus post bellum*: morality of post-war)의 문제가 새롭게 주목받으면서 3가지 주제가 중요하게 다루어지고 있다.

Grotius)와 아퀴나스 그리고 현대 철학자 왈쩌와 더글라스 래키(Douglas. P. Lackey) 등의 견해를 꼽을 수 있다.[35] 이들이 제시한 기준에서 공통적인 것들을 요약하면, 아래 5가지 조건[36]을 동시에 만족하는 전쟁이 정당한 전쟁이라고 볼 수 있다.

① 정당한 명분(just cause): 전쟁을 하는 이유가 타당해야 한다. 예컨대 사회적 제반 가치의 보호와 보전, 인명과 재산의 보호, 인권의 보호, 침해된 주권의 회복 등과 같은 대의명분(大義名分)이 있을 때, 그 전쟁은 정당성이 있다고 본다.

② 적절한 권위(competent authority): 전쟁의 선포 및 수행은 반드시 국제사회에서 주권국가로 인정받는 국가와 국가의 합법적 당국, 즉 정규군에 의해 수행되어야 한다.

③ 정당한 의도(just intention): 전쟁의 개입이나 시작의 의도가 정당한 명분과 일치되어야 한다는 것을 의미한다. 자기 자신이나 다른 무고한 사람을 보호하기 위하여 어쩔 수 없이 행한 살인의 경우, 다시 말해서 회피할 수도 없고 의도되지도 않았던 행위의 결과로서 살인은 정당하다고 한다. 살인이 의도가 아니고 무고한 사람의 보호가 의도였기 때문에, 본래의 목적이나 의도를 실현하기 위해 행해진

35) 정당한 전쟁의 원칙 및 요건은 현대에 와서 보다 세분화되고 있다. 왈쩌나 래키는 정당한 의도나 명분을 해석함에 있어 국가의 자위권을 보장하기 위한 예방적 차원에서의 선제공격의 허용에 대해 부정하는 추가 원칙을 제시한 바 있다. 이와 관련해서 강진석(2012, 341~342) 참조.

36) 이와 관련하여 추가조건으로 성공가능성(probability of success)과 균형성(proportionality)이 있다. 관련 내용은 조승옥(2010, 38-41) 참조.

불가피한 살인이나 부수적 결과로서의 살인은 정당하다고 한다.

④ 비례적 정의(comparative justice): 전쟁을 통하여 얻는 이득이 전쟁을 통하여 입은 손실보다도 더 커야 한다는 것을 의미한다. 설사 전투에서 승리할 가능성이 높다 하더라도 전쟁의 결과가 민족의 절멸, 국가재원의 탕진 등을 초래한다면 전쟁에 호소하는 것이 올바른 선택이 되지 못한다는 것이다.

⑤ 최후의 수단(last resort): 전쟁을 선포할 때는 정당한 목적을 충족시키는 방법이 전쟁 이외에는 다른 대안이 없어야 함을 의미한다. 달리 말하자면 무력에 호소하지 않고도 문제를 해결할 수 있는 방안이 발견된다면 그 전쟁은 부당한 전쟁이 된다.

⑵ 전시도덕(*Jus in bello*, Morality in War)

전시도덕의 문제는 전쟁 수행과정에서 이루어지는 군인들의 모든 행위에 대한 정당성을 평가하는 문제이다. 구체적으로 전시 군인에게 허용할 수 있는 무력수단과 그 사용목적과 방법, 그리고 대상의 한계의 적절성 등에 대한 문제라 할 수 있다.

이는 교전자와 비교전자에 대한 행위를 구분함으로써 무분별한 무력사용을 제한함과 동시에 해적(害敵)수단을 제한함으로써 상황에 비례하는 행위를 요구한다. 이러한 전시 도덕의 문제는 전쟁 시 발생할 수 있는 무수히 많은 행위의 도덕성을 평가하는 기준으로서 활용될 수 있다. 하지만 전시에 발생할 수 있는 행위에 대한 경우의 수는 무수히 많으며 그 기준 또한 시대를 따라 점차 정교화되고 있다. 그럼에도 불구하고 통시대적(通時代的)인 전시도덕 원칙은 다음과 같이 제시할 수 있다.

① 필요성의 원리(principle of necessity): 전시 살인 및 재산의 파괴 행위는 본질적으로 나쁜 행위임은 자명한 사실이다. 따라서 군인에게 허용되는 범위는 전시 군사적 목적에 부합하며 반드시 필요한 행위라는 요건을 충족해야 한다.

② 군사적 균형 원리(military principle of proportionality): 필요성의 원리에 따라 임무수행을 위해 반드시 필요한 행위라 할지라도 군인은 그 수행과정에서 목표가 지닌 중요성에 비례하는 적절한 수준의 행위만을 해야 한다.

③ 비전투원 보호 원리(principle of noncombatant immunity): 전투능력이 부재한 민간인의 생명과 재산은 군사작전의 목표가 되어서도 안 되며 수단으로서도 사용될 수 없다. 따라서 민간인, 즉 시민(civilian)의 범주에 속하는 속성과 군사적(military) 속성에 해당하는 것을 구분하고 이를 차별해서 적용해야 한다.[37] 다시 말해, 어떠한 경우라도 군사작전 개입에 직접적인 영향을 주지 않는 대상 및 재화에 대한 공격은 허용되어서는 안 된다.

이러한 전시도덕의 판단 기준과 원칙[38]을 바탕으로 현재 국제사

37) 시민의 속성과 군사적 속성을 구분하고 이를 차별적으로 대우해야 한다는 원리를 차별의 원리(principle of discrimination)라고 한다. 이 둘 사이를 뚜렷하게 경계 지을 수는 없지만 적어도 군사적 속성에 해당할 수 있는 군인과 무기, 군사물자 등 전쟁에서 직접적인 영향을 줄 수 있는 것은 구분하여 파악할 수 있다. Douglas, P. Lackey(2006, 136).

회에서 가장 보편적인 전쟁법[39]으로 승인하고 있는 국제법인 헤이그법과 제네바법이 제정되었다. 따라서 이 두 종류의 전쟁법은 바로 전시도덕에서 추구하는 기준을 보다 구체화하는 법적 논의라 할 수 있다.[40]

(3) 전후도덕(*Jus post bellum*, Morality post War)

전쟁의 도덕과 전시도덕이 전통적 정의전쟁론의 주제였다면, 전후

38) 여기에서 제시되는 3가지 원칙은 더글라스 래키의 이론을 참고하였다. Douglas, P. Lackey(2006, 135~137).

39) 전쟁법은 국제인도법으로서 이는 무력충돌의 희생자를 보호하는 제네바법(제네바 4개 협약과 3개의 추가의정서로 구성)과 전투의 수단과 방법을 제한하는 헤이그법으로 나눌 수 있다. 하지만 전장환경이 변화함에 따라 이 둘 사이의 차이는 점차 줄어들고 있다. (대한적십자사, 『국제인도법』, 인도법연구소, 2009. 3쪽 참조).

40) 1. 제네바법: 전쟁 기간 중 지켜야 할 인도주의 원칙으로 전투능력을 상실한 군사요원의 안전과 적대행위에 직접 가담하지 않은 인원에 대해서 보호하고 존중해야 한다는 원칙이다. 이것은 무고(無辜)한 자와 약자를 보호하고, 인간의 생명과 인권을 보호하기 위하여 제정된 것이다. 제네바 1~4협약 및 추가의정서를 통해 나타나는 전시인도주의의 원칙은 아래와 같다. ① 전투능력을 상실한 자, 적대행위에 가담하지 않은 자를 보호 ② 투항하거나 전투능력을 상실한 적군에 대한 살상 금지 ③ 부상자와 환자, 이들을 구호하는 의료요원, 시설, 장비, 차량을 보호 ④ 포로 및 민간인의 생명, 존엄성, 인권 등을 존중 ⑤ 육체적, 정신적 고문, 처벌 등 잔혹 행위 금지 ⑥ 불필요한 손실, 과도한 고통을 유발하는 무기나 전쟁방법 사용 금지 ⑦ 민간인과 전투원의 식별 및 민간인 보호하고 공격목표는 군사 목표물에 국한해야 함

2. 헤이그법: 전시 전투원의 권리와 의무를 결정하며, 해적수단의 선택에 제한을 부여하는 법으로 주로 전투행위 점령 및 중립의 개념이 포함된다. 세부조항은 아래와 같다. ① 불필요한 고통금지의 원칙 ② 전투원과 민간인의 구별 원칙 ③ 비례성의 원칙 ④ 인도주의 원칙 ⑤ 군사적 필요의 원칙 ⑥ 기사도의 원칙 ⑦ 환경보존의 원칙

이상 2개의 법과 관련하여 조승옥 외(2010)에서는 전시도덕 부분에서 이 원칙들을 상세하게 다루고 있다.

도덕의 문제는 미국의 걸프전 및 코소보 사태의 전후 처리 과정에서 왈쩌에 의해 처음으로 제기되고 오렌드(Brain Orend)[41]가 발전시킨 개념이다. 이는 전쟁 전, 그리고 전쟁 중에 아무리 합법적이고 도덕적으로 판단하고 행위하며 전쟁을 수행하였다 하더라도 전후 처리의 과정에서 최초의 목적과 의도와는 다른 윤리적 문제를 야기한다면[이를테면, 특정 집단의 이익을 위한 조치와 행위가 자행된다면], 이는 부당한 것으로 판단해야 한다는 것이다.

현대전으로 갈수록 전후도덕의 문제는 전쟁 기간이 짧아지는 대신 전후 처리의 기간이 길어지면서 간과할 수 없는 중요한 부분으로 받아들여지고 있다. 또한 군사교리 차원에서 보면 안정화 작전(Stability operations)[42] 시 가장 우선적으로 고려해야 할 것은 정당성의 문제라 할 수 있다. 이러한 측면에서 전후도덕의 원칙은 다음과 같이 제시할 수 있다.[43]

① 전쟁 종식의 정당한 의도와 이유: 전쟁의 마무리를 합리적인 절

41) Brian Orend, "Jus Post Bellum", *Journal of Social Philosophy*, vol. 31. No.1, Spring 2000. 117~137쪽.

42) 미군이 2003년에 수행한 이라크전은 안정화 작전의 중요성을 보여주는 대표적인 사례이다. 미군은 전투작전에 있어서는 완벽한 준비로 27일 만에 바그다그의 주요 시설을 파괴하고 이라크의 군사력을 무력화하는 성공을 거두었다. 그러나 이후 2003년 5월부터 2011년 12월까지 약 8년간의 긴 시간 동안 안정화 작전을 하게 됨으로써 전투작전 수행 기간보다 훨씬 큰 손실을 감내해야만 하였다. 이러한 교훈을 통해 미군은 합동교리에서 군의 안정화 작전을 전 영역의 작전(full spectrum operations)의 일부로서 정의하고 기존의 공격 및 방어 작전과 동등한 비중으로 다루고 있다.(미 FM 3-07 『안정화 작전』, 육군대학, 2009. 34쪽 참조).

43) 전후도덕의 원칙에 대해서는 강진석(2012, 359)을 참조.

차에 따라 해야 하며 침략국 또는 패전국이 전쟁을 통해 취득한 부당한 이익을 포기하고 피해를 입은 국가의 권리가 보장되는 차원에서 전쟁을 종식해야 한다.

② 공정한 전쟁범죄의 처벌: 전시 발생하였던 불법적이고도 반도덕적인 전쟁범죄에 대한 사실조사가 승전국과 패전국을 가리지 않고 동등하게 진행되어야 하며 사실관계가 확인될 시 전쟁법에 따라 엄격히 처벌해야 한다.[44)]

③ 패전국 국민의 민심 안정의 도덕적 의무: 전쟁에서 승리한 국가는 패전국에 대한 전후 처리를 할 때 해당국가 국민의 존엄성과 권리를 보장해야 하며 국제평화를 실현하는 차원에서 패전국의 재건을 지원할 수 있어야 한다.

④ 전쟁의 피해에 대한 비례적 보상: 침략국 또는 패전국이 전쟁을 통해 끼친 손실에 대한 합리적 보상을 요구할 수 있어야 하며 과도한 정치 · 경제 · 문화적 제재는 지양해야 한다.

⑤ 적법한 권위에 의한 전쟁 종식 선언: 전쟁의 종식은 전쟁에 참여하였던 국가 중 국제사회가 인정하는 정부 및 국제기구에 의해 공식적으로 선언되어야 한다.

---

44) 역사적으로 전쟁범죄 처벌에 대한 문제는 항상 논란이 되어왔다. 만약 승전국이 자국에 최대한 유리하도록 이 문제를 해석하고 패전국에게는 보다 엄격한 기준을 적용한다면, 이는 전시도덕의 차원에서 발생되는 무분별한 전쟁범죄를 다시 방조하는 악순환이 될 수 있다.

4) 군인 및 지휘관의 책임

전쟁윤리의 3가지 주제 중 전쟁 자체의 도덕성에 대한 평가, 즉 전쟁의 도덕(*jus ad bellum*: morality of war)문제는 정책결정 과정에서 전쟁 여부를 결정할 국가 최고결심권자인 정치 지도자들에게 더욱 중대한 사안이 될 것이다. 이와는 다르게 군인은 전시에 무력을 실제적으로 사용하는 사람으로서 전시도덕의(*jus in bello*: morality in war) 문제가 직접적으로 부딪히며 해결해야 할 문제가 된다.

하지만 전시도덕의 문제에서 곤혹스러운 난제는 전시 상황에서 자행되는 반도덕적 행위에 대한 군인의 책임은 어디까지이며, 그것을 어떤 기준에 의거해 판단할 것인가이다. 이 문제가 중요한 이유는 전시 상황에서 군인 및 지휘관이 자신의 행위를 윤리적으로 판단하고 결심하여 행동에 옮기는 데 필요한 기준을 제공해 주기 때문이며, 종전 후 전시 발생한 불법적 · 반도덕적 행위에 대한 책임소재를 판단하는 근거가 될 수 있기 때문이다.

다음 이어지는 두 개의 절에서는 전시 반도덕적 행위에 대한 이유로 흔히 거론되는 대표적인 변명거리를 간략히 소개하고, 전시 군인 및 지휘관의 도덕적 책임의 근거와 중요성에 대해 살펴보도록 하겠다.

(1) **전쟁법 위반 및 반도덕적 행위에 대한 변명거리들**

전쟁은 고통과 위험, 불확실성이 지배하는 곳이다. 적절하고 올바른 판단과 결심에 필요한 시간적 여유도 보장되지 않을 뿐 아니라, 필요한 정보도 제한적이다. 그런 까닭에 전시 군인의 불법적 행위 또

는 반도덕적 행위에는 여러 가지 변명거리가 따르곤 한다. 대표적 경우는 다음과 같다.[45]

① 작전수행의 목적: 전시 군인은 상급 부대 또는 지휘관으로부터 하달 받은 임무를 완벽히 수행하는 것이 최고의 미덕이다. 따라서 모든 행위는 임무완수를 위한 것이었으며, 전시 임무수행을 위해서라면 수단과 방법을 가리지 말고 행동하여야 한다는 것이다.

② 군인의 위험 감소: 전쟁수행간 전쟁법을 준수하면 임무수행에 있어 많은 어려움이 생기게 되고 지휘관과 부하들의 생명이 위험해질 수 있다는 주장이다.

③ 상급지휘관의 지시: 자신이 행한 반도덕적 행위는 자신의 의지가 아닌 상급지휘관의 명령에 의해 어쩔 수 없이 수행한 것이기 때문에 이와 관련해서 개인에게 책임을 부여해서는 안 된다는 주장이다. 즉, 의도가 부재한 행동이기 때문에 자신에게 책임이 없다는 것이다.

④ 전투원의 무지: 전장에 투입된 전투원은 작전 수행 과정에서 발생하는 모든 사건과 관련되는 전쟁법 및 전쟁윤리 제반사항을 모두 알지 못하므로 무지에 따른 반도덕적 범죄를 행할 수 있다. 그러나 여기에는 악한 의도가 없었기 때문에 책임도 없다는 주장이다.

일견 이러한 주장들이 그럴듯한 명분으로 보일 수도 있다. 하지만 과연 이러한 이유가 설득력이 있을까? 그리고 이러한 이유로 어떠한

45) 좀 더 자세한 내용은 조승옥 외(2010, 60~67) 참조.

귀책사유도 발생하지 않을까?

(2) **법적 · 도덕적 책임**

① 명시적 근거

앞서 전쟁법을 위반하거나 반도덕적 행위를 행하는 경우 주로 언급되는 이유를 살펴보았다. 실제로 전쟁범죄를 유발하였던 전범들은 전범재판에서 대부분 위와 같은 논리로 자신에게 어떠한 책임도 없다고 주장하였다.[46] 하지만 반대로 이러한 주장들이 보편적 원리로서 승인받게 된다면 어떤 결과가 발생할 것인가? 전시 군인의 행동은 수많은 사람들의 생명을 앗아갈 수 있음을 생각한다면 이러한 주장은 쉽게 인정할 수 없을 것이다.

국제사회는 지난 수세기 동안 발생하였던 여러 전쟁에서의 반도덕적인 행위를 바탕으로 이를 금지하는 국제인도법[전쟁법]을 제정하였다. 우리나라 경우도 이를 받아들여 전쟁법 준수와 관련하여 「군인기본법」과 「전쟁법 준수에 관한 훈령」 등에서 아래와 같이 명시하고 있다.

「군인의 지위 및 복무에 관한 기본법」

제34조 (전쟁법 준수의 의무)

① 군인은 무력충돌 행위에 관련된 모든 국제법 중에서 대한민국이 당사자로서 가입한 조약과 일반적으로 승인된 국제법규(이하 "전쟁법"

46) 뉘른베르크 전범 재판에서 아이히만 장군의 진술이나 베트남전 당시 미라이 대학살을 자행하였던 켈리 중위의 경우 상관의 지시였다는 명목으로 자신의 범죄행위를 변호하였다.

이라 한다)를 준수하여야 한다.

② 군인은 전쟁법을 숙지하여야 하며, 국방부장관은 대통령령으로 정하는 바에 따라 군인에게 전쟁법에 대한 교육을 실시하여야 한다.

「전쟁법 준수를 위한 훈령」[47)]

제8조 (교육의 내용)

전쟁법을 교육함에 있어 다음 각 호의 사항들이 포함되어야 한다.

① 전쟁법의 개념과 필요성

② 전쟁법의 기본원칙

③ 교전규칙

④ 전쟁법상 공격목표 선정의 원칙

⑤ 무력행사의 방법에 관한 사항

⑥ 상병자 및 민간인 보호에 관한 사항

⑦ 포로의 대우에 관한 일반원칙

⑧ 무력충돌 시 문화재 보호에 관한 사항

⑨ 전쟁법 위반행위의 처벌

제11조 (지휘관의 책임)

① 지휘관은 소속 장병이 자신의 임무 및 책임에 상응한 전쟁법 원칙과 규정을 알고 있도록 하여야 한다.

② 지휘관은 소속 장병이 전쟁법을 준수한 상태에서 작전을 수행하도록 지휘하여야 한다.

47) 훈령 전문은 부록을 참고할 것.

위와 같이 전쟁법 준수는 취사선택의 문제가 아니다. 군인에게 반드시 요구되는 법적 의무이다. 모든 군인은 전쟁법을 준수해야 하며 나아가 지휘관은 부하들에게 이를 교육, 보급, 전파, 확인 감독을 해야 하는 막중한 책임이 있음을 알 수 있다.

② 지휘책임(command responsibility)의 구분

군대는 국민의 군대로서 국가의 안전보장이라는 막중한 소명을 다하기 위해 국가로부터 폭력의 사용과 관리를 합법적으로 위임받은 조직이기에 여타의 조직과는 구별되는 매우 엄격한 명령과 복종의 위계구조를 갖추고 있다. 그러다보니 지휘관에게 막중한 권한과 책임이 주어지게 되고 지휘책임의 문제가 발생하게 된다. 지휘책임의 문제는 지휘관이 자신과 자신의 부대에 속해 있는 부하에 의해서 발생한 위반행위에 대해 지휘관이 부담해야 하는 법적 책임을 말한다.48)

지휘책임은 평시에도 강조되지만, 특별상황인 전시에는 더욱 강조되며 그 책임 소재에 대한 판단 또한 엄격히 요구된다. 따라서 지휘관에게는 전시 예하 장병의 전쟁법 위반행위나 기타 반도덕적 행위에 대한 지휘책임이 주어지는데 이에 대한 판단 기준에 대해서는 다음과 같이 다양한 견해가 있다.49)

㉮ 상관은 자기가 명령한 행위에 대해서만 책임진다.

㉯ 상관은 명령의 유무와 별개로 자신의 부하가 행한 모든 행위에

48) 조승옥 외(2010, 58).
49) 조승옥 외(2010, 58~59).

대해서 책임진다.

㉰ 상관은 자기가 명령한 행위와 허가, 묵인 및 간과한 행위에 대해서만 책임진다.

이러한 3가지 견해를 간단히 정리하면 ㉮의 경우는 지휘관이 자신이 직접 지시한 명령으로 인해 발생한 결과이므로 귀책사유가 있다는 것이다. ㉯의 경우는 지휘관 자신이 명령을 하지 않았더라도 지휘관은 부하의 모든 행위에 대한 확인 및 감독의 책임이 있다는 것이다. ㉰의 경우는 ㉮와 ㉯의 중간적 입장으로 ㉮의 경우에 더하여 지휘관으로서 부하의 부정의(不正義)한 행위를 허가, 묵인, 간과한 것에 대해 책임이 있다는 것이다. ㉰의 입장은 지휘관의 지휘책임의 범위를 너무 축소한 ㉮의 경우와 과도하게 부여한 ㉯의 경우가 가진 한계를 어느 정도 해소할 수 있다는 장점이 있다. 하지만 이 역시 허가, 묵인, 간과 행위를 어느 정도까지로 규정할 것인가라는 새로운 문제를 남긴다는 단점이 있다.[50] 이러한 측면에서 지휘책임의 판단은 직관적으로 할 수 있는 문제가 아닌 엄밀한 사실관계와 법리적 검토 그리고 최종적으로 도덕적 가치판단이 결합되어야 하는 어려운 문제임을 알 수 있다.

---

50) 이와 관련한 사례로 제2차 세계대전 당시 야마시타 장군의 사례가 있다. 야마시타 장군은 자신의 부대원에 의해 필리핀지역에서 자행되었던 학살행위를 지시하지 않았다고 주장하였다. 하지만 미 연방대법원은 장군이 점령지 사령관으로서 책임을 다하지 않았다고 판단하여 사형선고를 하였다. 연방대법원의 판결이 ㉯의 경우인지 ㉰의 경우인지는 논란의 여지가 있지만 이와는 별개로 지휘책임은 전시 엄격히 적용된다는 점을 알 수 있다.(국방부, 『전쟁법 해설서』, 국방부, 2010, 216~217쪽).

③ 도덕적 책임은 왜 요청되는가?

전쟁 현장에서 발생하는 모든 행동을 일일이 법으로 규정하는 것은 거의 불가능에 가깝다. 따라서 전쟁법에 규정되지 않은 상황에 대한 법의 해석 및 적용은 결국 법의 제정 배경과 원리에 입각하여 판단할 수밖에 없다. 이러한 측면에서 앤소니 하아틀(A. E. Hartle)은 전쟁에서 세부 규칙의 문제보다도 이러한 규칙의 정당성을 판단할 수 있는 도덕원리가 중요하다고 강조하였다. 이는 기존의 전쟁법을 적용하고 판단하는 데 제한되는 상황에서 어떤 행위를 선택해야 할지, 책임소재는 어디에 있는지 등을 판단하는 기준과 지침이 될 수 있다.[51]

앞서, 1부에서 살펴보았던 도덕원리에 대한 논의는 도덕적 책임소재를 판단함에 있어 하나의 척도이자 방법론으로 활용할 수 있다. 간혹 법을 지키는 이유가 법을 어겼을 시 받게 되는 제재나 불이익 때문이라고 생각하는 경우가 있다. 하지만 법과 규정은 사회적으로 마땅히 지켜야 할 행위에 대해 사회적으로 합의하여 성문화한 것이라고 볼 수 있다. 다시 말해, 법규를 준수하는 이유가 위법행위에 대한 제재를 피하는 데 있는 것이 아니라, 도덕적 판단과 행위를 위한 최소한의 기준이기 때문이라는 생각을 해야 하는 것이다. 특히 전쟁법은 그 특성상 그 안에 내재한 도덕 자체에 대한 존중이 동기가 되지 않으면, 그것을 준수하는 것은 극히 어려운 일이 될 것이다. 따라서, 군인에게 있어 도덕적 책임은 선호 또는 선택의 문제가 아니라 반드시 염두에 두어야 하는 필수적 요소(factor)라 할 수 있다.

51) 이민수, 『전쟁과 윤리』, 철학과 현실사, 1998. 53~55쪽.

3. 사례연구

■ 사례 1: 미라이 대학살[52)]

"1969년 4월 육군성과 상당수의 의회의원 및 정부관리들은 월남전에 참전했던 퇴역군인 로널드 라이든하워로부터 편지를 받았다. 그는 미군 장병들이 1968년 3월 광콰이성 송미읍 미라이(My Lai)촌에서 전쟁범죄를 저질렀다고 하였다. 이에 따라 주월 미군사령부가 조사에 착수했고, 이어 육군 범죄수사대가 사건수사에 나섰다. 사건개요는 제20사단 제11보병여단 1대대 C중대 메디나 대위는 적 대대가 위치한 것으로 추정되는 미라이촌 공격을 명령받았다. 이 공격 시에 촌락 안의 가축은 살상할 수 있다고 하였다. 정보에 따르면 적은 중대보다 두 배의 수적 우세에다 강력한 진지를 구축하고 있어 거센 저항이 예상되었다. 그러나 미라이촌은 전쟁 당시인 1968년 3월 16일에는 실제로 베트콩(여기서는 무장한 적군을 말함)은 그 마을을 떠나 피신해 있었으며, 민간인 즉 부녀자, 어린이, 노인들이 마을에서 막 아침식사를 하려던 중이었다. C중대의 켈리 중위가 이끄는 1소대가 미라이촌을 공격하여 무차별 살상을 하고 전과를 보고하였다.

이후 켈리 중위는 군사재판에 회부되었다. 하지만 그는 자신은 상관인 메디나 대위가 지시한 임무를 수행한 것이고 그 과정에서 발생한 어쩔 수 없는 결과라는 진술을 하였다. 그리고 재판정은 최종적으로 5년간의 가택연금이라는 납득하기 어려운 형식적인 처분만을 내렸다."

52) 관련 사례 내용은 조승옥 외(2010, 310)에서 발췌하였음.

■ 생각할 문제들

(1) **당신이 사례 속 인물이라면 어떻게 하겠는가?**

- 당신이 메디나 대위라면 어떻게 명령을 하달할 것인가?
- 당신이 켈리 중위라면 미라이 마을 공격 시에 어떤 점에 유의하겠는가?
- 당신 혹은 당신의 가족, 친지가 무고하게 학살당한 민간인들 중에 한 명이라면, 당신은 켈리 중위의 주장과 법정의 판단에 대해 어떤 심정이겠는가?

(2) **"나는 상관의 명령에 따랐을 뿐이다."라는 말로 켈리 중위의 행위는 도덕적 · 법적으로 정당화될 수 있는가?**

- 상관의 명령은 어떠한 상황에서도 무조건 따라야 하며, 그러한 복종은 법적 · 도덕적 면책사유가 될 수 있는가? (명령의 책임과 복종의 의무에 대해 생각해 보라.)
- 만약, 당신의 상관이 민간인 학살을 명령했다면, 당신은 어떻게 하겠는가?

(3) **적 상황이 사전에 확실하게 파악되지 않는 상황에서 지휘관으로서 어떤 판단과 결심을 할 것인가?**

- 전체 작전에 결정적인 영향을 끼칠 임무를 수행하는 과정에서 민간인의 희생이 반드시 필요하다면 이는 허용할 수 있는가?
- 결심 및 판단의 시간이 매우 제한되는 촉박한 순간에 당신은 법과 규정을 떠올리고 그에 따라 행동할 것인지 고민할 것인가?
- 무지, 즉 자신은 모르고 한 행위라는 것이 면책사유가 될 수 있는가?

(4) **사례에서 켈리 중위는 자신의 행위에 대한 어떤 책임이 있는가?**

- 전쟁 도덕의 3가지 구분 중 이 문제는 어떤 범주에 속하는가? 그 이유는?
- 법적책임의 결과가 5년간의 가택연금이라면 켈리 중위의 행위에 대한 적절한 수준의 처벌인가? 만약 동의하지 않는다면 어떤 수준의 처벌이 필요하며 그 이유는 무엇인가?

■ 사례 2: 영화 〈Rules of engagement〉[53)]

예멘의 미국 대사관 주위를 수많은 시위 군중이 둘러싸자 테리 칠더스 대령은 해병대원들에게 대사관 보호를 지시한다. 임무를 받고 작전에 투입되지만 군중들 사이에 있는 적군으로부터 강력한 저항을 받게 된다. 대사관 투입과정에서 불분명한 적군에 의해 아군의 사상자가 발생하게 되고 부하들은 칠더스 대령의 명령만을 기다린다. 칠더스 대령은 최초 민간인과 구분되는 적만을 사살하라는 명령을 내린다. 하지만 군중과 무장한 적군의 구분이 매우 어려운 상황인지라 부하들은 임무달성이 어렵다는 보고를 하게 된다. 이에 칠더스 대령은 어쩔 수 없이 전원 적군으로 간주하고 사격 지시를 내린다. 그 결과 시위대는 대부분 사살 당하게 되고 작전수행이 완료된다. 그러나 이미 3명의 해병대원과 87명이 넘는 시위군중들이 죽은 후였다. 이번 사건으로 칠더스는 군사재판에 회부되는데, 죄목은 무장하지 않은 민간인을 사살할 수 없다는 교전원칙(rule of engagement)을 깨뜨렸다는 것이었다. 그는 이러한 법원의 명령에 맞서서, 시위대는 무장하고 있었으며, 대사관을 향하여 발포하였다고 주장한다.

그러나 영화 내용 상의 결과와 상관없이 칠더스 대령이 마주쳤던 예멘 대사관 앞에서의 상황은 군인이라면 언제든지 만날 수 있는 매우 곤란한 윤리적 딜레마 상황이다. 즉, 민간인인지 적군인지 구분할 수 없는, 혹은 양자가 혼재되어 있는 상황에서 군인은 발포할 수 있는가 없는가? 발포할 수 있다면 어떤 조건에서 가능하며, 발포할 수 없다면 어떤 이유에서 불가능한 것인가?

53) 네이버, 「룰스 오브 인게이지먼트(rules of engagement)」 영화소개 참조. (http://movie.naver.com/movie/bi/mi/basic.nhn?code=29103 : 2017. 6. 5. 검색)

■ 생각할 문제들

(1) **당신이 지휘관으로서 현 작전에 투입된다면 투입 전 부대원들에게 어떤 교육을 할 것인가?**

- 지휘관으로서 전쟁법 준수에 관한 책임은 무엇인가?
- 평시 가용시간이 충분한 상황에서 자신의 부대원들에게 전쟁법 교육을 한다면 어떻게 교육하겠는가?
- 전시 급박한 상황 속에서 전쟁법에 대한 교육이 필요한가? 오히려 작전계획 및 명령하달이 중요하지 않는가? 만약 그렇지 않다면 그 이유는?

(2) **영화에서와 같이 투입과 동시에 부하들이 부상당하거나 죽고 있다면 당신은 칠더스 대령과 같은 행동을 할 것인가?**

- 많은 민간인들 사이에서 민간인을 가장한 게릴라 군에 의해 자신의 전우가 죽는다면 어떻게 할 것인가?
- 피아식별 및 전투원과 비전투원의 구분이 어려운 집단과의 전투상황에서 부대원이 전멸될 위기라면 그 집단에 대한 무차별적 사격은 가능한가?
- 사례와는 반대로 만약 민간인이 대부분이라는 이유로 사격을 하지 않고 그 결과 임무달성이 실패한다 하더라도 본인은 감수할 수 있는가?

(3) **테러집단 또는 게릴라 집단의 소탕을 위해서는 어떠한 수단과 방법을 사용해도 괜찮은가? 그리고 그러한 행위로 인해 발생하는 피해에 대해서는 어떤 책임도 없는가?**

■ 사례 3: 영화 〈Lone Survivor〉[54]

2005년 6월 28일, 아프가니스탄에서 복무중인 네이비씰 대원 6명은 탈레반 주요 지휘자인 부사령관 '샤'를 체포하기 위한 '레드윙 작전'에 투입된다. 이들은 미군 중에서도 가장 강도 높은 훈련을 받은 네이비씰 요원들로서 어떠한 임무도 해결할 수 있다는 자신감을 가지고 있었다. 원활한 작전 개시를 위해 적 배후의 야산에 잠복에 있던 중 양치기 일행 3명으로부터 발각되게 되었다. 이들 중 1명은 노인이며 1명은 젊은 청년, 나머지 1명은 어린 아이다. 젊은 청년의 품속에서는 무선통신이 가능한 전화기가 나왔으며 팀원들에게 매우 적대적인 태도를 보였다. 이에 차후 행동에 대한 지침을 받고자 상급부대와 통신을 시도하지만 난청지역인 관계로 통신이 불가능한 상황이 발생하였고 팀원들 사이에서는 양치기 일행 3명의 처리에 대한 격론이 오고 간다. 그 결과 팀장의 결심으로 인해 이들을 살려주게 되고 본인들은 통신이 잘 될 수 있는 산 정상으로 이동한다. 하지만 불과 몇 시간 뒤 바로 탈레반 군에 의해 포위되고 마이클을 제외한 나머지 인원은 전사하게 되고 마이클 마저도 심한 부상을 입은 상태로 도주하게 된다.

■ 생각할 문제들

(1) 당신이 현 상황에서 팀장이라면 어떤 결심을 할 것인가?

- 임무완수와 인도적 원칙(전쟁법 준수)이 충돌하는 상황에서 당신의 결심은 어떻게 도달한 것인가?
- 당신의 결심은 어떤 결과를 고려한 것인가?
- 당신이 위에서 고려한 결과보다 더욱 중요한 윤리적 요소, 혹은 가치가 있는가?

54) 네이버, 영화소개 「Lone survivor」 소개 참조. (http://movie.naver.com/movie/bi/mi/basic.nhn?code=92069: 2017. 6. 5. 검색)

- 지휘관의 결심에 대한 책임은 지휘관 말고도 팀원이 같이 부담해야 한다. 이러한 경우 가장 적절한 결심방법은 무엇인가?

(2) 사례에서는 결과적으로 1명을 제외하고 나머지 인원은 전사하게 되었다. 그렇다면 팀장의 결정은 잘못된 결정인가?

- 결과가 좋지 않다면 그러한 결과를 초래한 판단도 잘못된 것인가?
- 아니면 결과와 무관하게 지켜야 할 원칙과 의무가 있는가? 있다면 어떠한 것을 지켜야 하며 그 이유는 무엇인가?
- 전쟁법을 준수할 경우 패배의 가능성이 매우 높다. 반대로 전쟁법을 어길 경우 승리의 가능성이 매우 높다. 이러한 상황에서 당신의 선택은?

(3) 전시 민간인과 전투원의 명확한 구분은 가능한가?

- 실제로 전시 어떤 기준으로 민간인과 전투원을 구분할 수 있을까? 사례와 유사하게 무선전화기를 소유한 민간인은 잠재적 전투원으로 볼 수 있는가?
- 반대로 만약 실제 전장에서 본인의 가족이 전화기를 가지고 있다가 이를 빌미로 전투원으로 오해를 받게 되어 죽을 위기에 처한다면 납득할 수 있는가?

■ 사례 4: 남경대학살과 히로타 수상[55)]

히로타 코키 수상은 1937년 남경대학살(또는 난징대학살) 사건이 발생한 당시 외상으로 재직하고 있었다. 남경대학살은 일본군에 의해 약 6주간 자행된 참혹한 학살사건으로 약 20~30만 명의 중국 민간인이 학살되었으며 2~8만 명의 여성이 강간을 당했다고 알려져 있다.

제2차 세계대전 종전 후 이어진 도쿄 전범재판에서 히로타는 교수형에 처해졌다. 외상으로서 육군성으로부터 대학살에 대한 보고를 받았을 것이고 학살이 약 2개월간 장기적으로 자행되었다는 점을 볼 때, 이에 대해 충분히 조치 할 수 있었음에도 불구하고 이를 묵인 및 방관하였다는 이유에서다. 하지만 이후 고다마에 따르면 당시 히로타는 이 사건에 대해 군의 사전 검열 및 보고 누락으로 알 수 있는 방법이 없었다고 하며, 따라서 히로타 수상에 대한 사형조치는 부당한 판단이었다고 주장하였다.

■ 생각할 문제들

(1) 지휘관 또는 상관은 자신이 지시하지 않은 행위에 대한 법적 · 도덕적 책임이 있는가?

- 위 사례는 앞서 교재에서 다룬 지휘책임의 3가지 분류 중 어디에 해당하는 것인가?
- 평시와 전시 지휘책임은 구분되어야 하는가? 아니면 동일한가?
- 책임의 크기는 계급 또는 직책에 비례해야 하는가? 아니면 반드시 비례하는 것은 아닌가?

(2) 지휘관이 허위, 묵인, 방관한 행위에 대해 책임을 져야한다는 제한된 지휘책임은 어떤 문제가 있는가?

55) 다야치 카코, 이민효 외 옮김, 『전쟁범죄와 법』, 연경문화사, 2010, 156~157쪽.

■ 사례 5: 이중효과 사례

토마스 네이글은 자신의 논문 "War and Massacre"에서 다음과 같은 사례를 제시하고 있다.[56]

> "예컨대, 인도차이나 지역에서 20여 명의 게릴라들이 한 마을에 숨어 지속적인 게릴라 활동을 하고 있었다. 이로 인해 작전계획에 차질이 발생하였고 간헐적인 아군의 피해가 발생하였다. 이를 토벌하기 위해 보병부대를 투입하였으나 게릴라들과 민간인을 전혀 구분하지 못하는 문제가 발생하였다. 이에 군 당국은 공중폭격을 결심하였고 이 마을 일대에 엄청난 양의 폭격과 네이팜탄 살포 등을 행하였다. 그 결과 마을에 거주하였던 100여 명의 사람이 사망하였다. 이후 보고서를 통해 당시 사살되었던 대다수의 인원은 여자와 어린이었다고 보고되었다. 물론 그 안에는 게릴라로 추정되는 몇몇의 인원도 있었다. 이후 군 당국은 100여 명에 가까운 민간인의 희생은 단지 무장한 게릴라에 대한 공격에서 발생한 부수적 피해라고 주장하며 정상적인 작전을 수행하였다고 주장하였다."

■ 생각할 문제들

(1) 20여 명의 게릴라를 소탕하기 위해 100여 명의 민간인의 희생은 도덕적으로 정당한 것인가?

(2) 최초 작전의 의도가 좋은 의도에서 시작되었다면, 그 작전이기 때문에 부수적으로 생겨난 나쁜 결과는 용인될 수 있는가?

(3) 나쁜 결과를 전혀 예상치 못하고 작전을 수행하였는데 우연한 이유로 인해 나쁜 결과, 예컨대 민간인 사상자가 발생한다면 불가피한 상황이기 때문에 문제가 없는 것일까?

---

56) Thomas Nagel, "War and Massacre", *Philosophy & Public Affairs*, vol. 1, 1972. 130~133쪽.

제4장 군 직업윤리

1. 문제제기

군 장교라는 직업은 얼핏 보기에 여타의 직업과 마찬가지로 개인이 인생을 살아가며 선택할 수 있는 여러 직업들 중 하나처럼 보인다. 군 장교는 다른 직업인처럼 특정한 단체에 소속되어 매달 봉급을 받고, 부대가 위치한 일정한 지역에서 근무하며, 해당 근무지에서 일어나는 각종 업무와 행정소요를 처리한다. 민간 기업에서 근무하는 직장인 또한 장교와 마찬가지로 특정한 조직이나 단체에 소속되어 그곳의 업무를 수행하고 그 대가로 봉급을 받으며 생계를 이어간다.

하지만 다른 한편에서 봤을 때 장교라는 직업은 다른 직종과 확연히 차이 나는 몇 가지 특징을 가지고 있다. 예를 들어 장교가 복무하는 조직은 피라미드식 상명하복의 위계질서를 특징으로 하는데, 이는 그 어떤 민간 조직이나 단체보다도 엄격한 것이다. 또한 장교직은 매 단계마다 주기적으로 장기간의 교육을 이수할 것이 요구되며, 이를 위한 체계적인 시스템을 갖추고 있다. 게다가 모든 군인은 신체의 자유나 정치적 발언 등 일반 국민이 누리는 기본적 권리에 있어 제한을 받으며, 경우에 따라서는 생명의 위협까지 감수해야 한다. 이는 단순히 금전적 대가가 크기 때문이 아니라 군인만의 고유한 사명감이 있기 때문인데, 다른 직종에서 이와 같은 위험부담과 정신적 자세를 요구하는 것은 흔하지 않다.

이처럼 군 장교는 그 자체로는 하나의 직업이지만, 다른 직업들과는 다른 무언가 독특한 측면을 가진다고 할 수 있다. 그렇다면 이 직업을 특수하고 특별하게 만드는 요인에는 무엇이 있는가? 군인이라는 직업, 특히 장교라는 직업이 여타의 직업들과 달라야만 하는 근본적인 이유는 무엇인가?

장교 고유의 직업적 특성을 탐구해야 하는 이유는 그것이 장교직에 동반되는 직업윤리를 이해하는 데 있어 필수적이기 때문이다. 어떤 직업이든지 간에 그것을 구체적으로 수행함에 있어 윤리적으로나 법적으로 준수 내지 금지되어야 할 사항이 존재한다. 의사는 사익을 위해 환자의 건강과 생명을 저해해서는 안 되고 판사는 법에 의거하지 않은 자의적 판결을 내려서는 안 된다. 그런데 특정 직업에서 필요로 하는 윤리는 그 직업의 특성으로부터 직간접적으로 기원한다. 의사는 환자의 건강과 관련된 직업이기 때문에, 판사는 법과 정의에 관련된 직업이기 때문에 그러한 의무를 진다. 따라서 장교에게 어떤 직업적 윤리가 따라오는지 알기 위해서는 먼저 장교라는 직업 자체가 어떤 특징을 가지고 있는지 살펴보아야 할 것이다.

군 장교의 직업적 정체성을 올바르게 획득하기 위해선 장교직의 임무, 사회적 역할과 기능, 그로부터 도출되는 고유의 조직 문화와 직업윤리 전반에 대한 탐구가 뒷받침되어야 한다. 탐구 분야의 광범위함 때문에 우리는 헌팅턴의 군 전문직업주의에 대한 논의를 실마리로 삼고자 한다. 이는 1부에서 언급했듯이, 외국 선진군대의 발전추

세를 감안할 때 우리 군의 발전된 미래를 위해 현재적으로 적합한 요구라고 생각하기 때문이다. 군 장교직을 전문직업으로 규정하는 헌팅턴의 논의는 장교의 임무와 특색, 관련 윤리 문제 전반에 대한 유의미한 성찰을 제공한다. 이를 통해 군 장교직의 직업적 특성을 파악하고, 장교에게 요구되는 각종 윤리적 책무가 무엇인지 이해하기로 하자.

2. 기초논의

1) 군 직업의 존재 이유

어떤 직업이 한 사회에 존재하는 이유는 사회에서 그 직업의 존재를 필요로 하기 때문이다. 예를 들어 우리는 질병을 치료할 필요가 있고, 그 필요에 맞춰 의사라는 직업이 존재한다. 사회적 필요는 그 직업의 수행과 윤리를 결정한다. 의사는 병을 치료하는 직업이고, 그에 필요한 전문적인 지식이 뒷받침되어야 하며, 환자의 건강을 증진시켜야 할 책임을 가진다.

그러므로 우리가 군 직업의 특성을 탐구하고 직업적 정체성을 확인하고자 한다면 우리 사회에서 군 직업이 왜 존재하는지, 어떠한 필요를 반영하고 있는지 알아보아야 한다. 심지어 군인기본법은 군 직업의 존속을 위한 각종 지원과 뒷받침이 사회의 의무임을 명시한다.[57]

---

57) 「군인기본법」 제4조 (국가의 책무)
  ① 국가는 군인의 기본권을 보장하기 위하여 필요한 제도를 마련하여야 하며 이를 위한 시책을 적극적으로 추진하여야 한다.

이처럼 국가가 군의 기본권을 보장하고, 군이 국가로부터 여러 요구사항을 당당하게 말할 수 있는 이유는 국가에 대하여 군이 특정한 형태로 기여하는 바가 있기 때문이다. 이것이 바로 군 직업의 사회적 존재 이유라 할 것이다.

> 제5조 (국군의 강령)
>
> ① 국군은 국민의 군대로서 국가를 방위하고 자유 민주주의를 수호하며 조국의 통일에 이바지함을 그 이념으로 한다.
>
> ② 국군은 대한민국의 자유와 독립을 보전하고 국토를 방위하며 국민의 생명과 재산을 보호하고 나아가 국제평화의 유지에 이바지함을 그 사명으로 한다.

위의 「군인기본법」 제5조 중 ①항, ②항은 군의 존재 이유가 무엇인지를 보여주는데, 그것은 바로 "국가 방위"이다. 구체적으로 말해 군은 물리적으로는 대한민국의 "국토를 방위"하고 "국민의 생명과 재산을 보호"해야 하며, 이념적으로는 "자유 민주주의를 수호"하고 이를 통해 "대한민국의 자유와 독립을 보전"하고 나아가 "조국의 통일" 및 "국제 평화의 유지"에 이바지할 수 있어야 한다. 이와 같은 중대한 사회적 역할과 기능을 하기 때문에 국가는 군의 존립 기반과 군인의 기본권을 위해 각종 지원을 보장하는 것이다.

국가 방위라는 사회적 필요에 의해 군 직업이 탄생하고 그 직무수

---

② 국가는 군인이 임무를 충실히 수행하고 군 복무에 대한 자긍심을 높일 수 있도록 복무여건을 개선하고 군인의 삶의 질 향상을 위하여 노력하여야 한다.

행의 정당성과 합법성이 보장된다면, 군 직업의 구체적인 수행과 각종 윤리적 의무들 또한 사회적 필요의 충족이라는 틀 안에서 설명될 수 있어야 한다. 군 조직의 모든 임무와 목적, 세부적인 행동지침들, 그와 관련된 책무들이 최종적으로 지향하는 바는 국가 방위라는 사회적 필요이다. 이를테면 부대 조직, 지휘, 장비, 관리 등의 임무는 국가 방위를 실제로 실현해내기 위한 것이고, 상명하복식 조직 구조는 효율적인 의사 전달과 신속하고 정확한 임무수행을 위한 것이며, 복종과 규율, 희생정신 및 애국심 등을 주요한 가치로 여기는 이유는 이를 통해서만 군 직무 수행의 이념적 토대가 보장될 수 있기 때문이다. 그리고 이렇게 열거한 특징들 자체가 군인과 장교의 직업적 정체성을 형성하고 관련 윤리를 도출해내는 지점이 되는 것이다.

그렇다면 국가방위를 존재 이유로 하여 탄생한 군인 및 장교라는 직업이 과연 어떻게 이 목적을 달성하고 있는지 그 특징에 대해 보다 구체적으로 살펴보아야 한다. 일찍이 미국의 정치학자 헌팅턴(Samuel Huntington, 1927~2008)은 군 장교의 모습을 의사, 변호사, 성직자와 같은 '전문직업(Profession)'의 하나로 묘사한 바 있는데, 그가 전문직업의 요건으로 꼽은 세 가지 특징들(전문지식 및 기술, 사회적 책임, 단체성)은 군인의 직업적 특징은 물론 그에 수반되는 군 장교의 윤리적 자세를 구체적이고 설득력 있게 제시한다. 따라서 보다 내실 있는 논의를 위하여 군 장교직에 대한 그의 견해를 살펴보기로 한다.

2) 군 전문직업주의

(1) 전문직업으로서의 군 직업

일상적으로 어느 한 분야에 능통한 사람을 가리킬 때 흔히 '전문가'라는 표현이 사용된다. 전문가로 소개된 누군가는 해당 분야의 지식을 깊이 체득하고 관련 문제를 능숙히 해결할 것이라는 기대를 받는다. 이를테면 의사는 의료 분야에 있어 전문가이며, 누군가가 다쳤을 때 의사라면 능히 환자를 치료해낼 것이라는 기대를 가진다. 변호사 또한 법률에 있어 전문가라 부를 수 있으며, 법과 관련된 문제에 처했을 때 해답을 구하러 변호사에게 자문을 구할 수 있다.

마찬가지로 나라가 중대한 안보 위기에 직면했을 때, 또는 신문이나 방송 뉴스에서 군사 관련 소식이 큰 이슈를 몰고 올 때, 장교가 해당 분야의 전문가로서 관련 문제에 해박한 지식을 가지고 해답을 내려줄 것이라 기대하기는 어렵지 않다. 장교는 군 외부에서뿐 아니라 군 내부에서도 마찬가지의 기대를 받는다. 국군병영생활규정에서 장교는 "군대의 기간(基幹)"으로 소개되며, 이에 따라 각종 내면적 자세가 부과됨은 물론 특히 "직무수행에 필요한 전문지식과 기술을 습득"해야 한다고 규정된다.[58]

---

58) 「국군병영생활규정」 제2장 제3조 중 2. 장교

장교는 군대의 기간이다. 그러므로 장교는 그 책임의 중대함을 자각하여 직무수행에 필요한 전문지식과 기술을 습득하고, 건전한 인격의 도야와 심신의 수련에 힘쓸 것이며, 처사를 공명정대히 하고, 법규를 준수하며, 솔선수범함으로써 부하로부터 존경과 신뢰를 받아 역경에 처하여서도 올바른 판단과 조치를 할 수 있는 통찰력과 권위를 갖추어야 한다.

그렇다면 군 장교 또한 어느 분야에 있어 전문지식과 기술을 습득한 전문가라고 칭할 수 있을 것이다. 확실히 장교는 독립된 교육기관에서 군사 관련 지식과 기술을 체계적으로 교육받고 군 기관에 거의 평생을 몸담고 있는 만큼, 타 직종에 종사하는 사람보다 해당 분야에 능통해야 한다고 할 수 있다. 이는 관련 교육기관에서 장기간 해당 분야의 지식을 습득하는 의사, 변호사 등과 마찬가지이다.

그런데 잘 생각해보면 어느 한 분야의 전문가는 단지 전문적인 지식이나 기술만을 요구받는 것이 아니다. 의사는 의료 분야에 대한 전문적인 지식을 가지고 환자의 몸을 치료해주기를 기대받지만, 동시에 환자의 몸을 책임 있게 돌봐주었으면 하는 기대 또한 받는다. 그래서 만약 의사의 진료가 불성실하다면 크게 실망할 것이다. 변호사를 만났을 때도 우리는 변호사가 법률 분야에 있어 능력을 갖추고 있길 기대할 뿐 아니라 나 자신의 사안을 관심 있게 돌봐주고 법정에서의 나의 무죄를 성심성의껏 변호해줄 것을 기대한다. 장교 또한 마찬가지이다. 장교는 군사 분야의 전문적인 지식과 기술을 갖춘 능력 있는 안보 전문가이기를 기대받지만 동시에 사익이나 부정한 일에 치우치지 않고 나라와 국민에 대한 순수한 충성심을 유지하기를 요구받는다.

이뿐만이 아니다. 전문가라 칭해지는 특정한 직업 집단은 거기에 속한 개개인의 개성을 뛰어넘는 특유의 정체성과 문화를 가지고 있다. 예를 들어 의사나 법관은 자신의 신분을 나타내는 고유의 복장을 하며, 자신들의 전문분야에 특성화된 전문용어를 구사한다. 그리고 그들만의 독특한 의례와 절차에 따른 조직문화를 갖는다. 장교 또한 다른 직업군과 장교를 구분하게 해주는 특유의 특징과 문화가 있다.

이와 같이 누군가를 전문가로 만들어주는 요건에는 여러 가지가 있을 수 있다. 그리고 군 직업, 특히 장교직이 전문직업의 하나로 소개될 수 있다면, 그 직업 또한 다른 전문직업과 마찬가지로 유사한 특징을 보여줄 수 있어야 한다. 헌팅턴에 따르면 그러한 특징은 총 세 가지로 열거되는데, 그것이 바로 전문지식 및 기술, 사회적 책임, 단체성이다. 차례대로 살펴보면 다음과 같다.

(2) 전문직업의 요건과 군 직업의 특성[59)]

① 전문지식 및 기술(expertise)

전문직업인은 자신이 담당한 분야에 있어 사회 타 분야에 소속된 그 어떤 자들보다도 뛰어난 지식과 기술을 가지고 있어야 한다. 이러한 지식에 숙달된 상태 자체가 해당 전문직업의 자격 요건을 구성하며 다른 직업인들과의 구분을 가능하게 한다. 즉 그 분야의 전문가가 되기를 원하는 사람이 제일 먼저 해야 하는 일은 그 분야에서 요구하는 지식과 기술을 체득하는 것이다.

그렇다면 장교는 무엇을 학습하는가? 장교의 임무를 하나씩 열거해보자. 장교는 부대를 조직하고 지휘하며, 장비를 관리하고 작전을 짜고 부대원을 통솔하고 훈련시킨다. 이와 관련된 모든 종류의 군 지식과 기술은 한마디로 말해 "정치적 목적을 위한 무력의 체계적 사용

59) 이하 소개되는 내용의 기본적인 논의내용들은 다음의 책들을 참고하였다. 조승옥 외(2010, 137~149), 국방부(2016, 144~150), Hartle, A. E., *Moral Issues in Military Decision Making*, University Press of Kansas, 2004, 11~18쪽.

(Systemic Application of Force for Political Purpose)"[60] 또는 "무력의 관리"라고 할 수 있다.

장교와 군 조직이 발휘하는 무력은 국가와 국민으로부터 독점적으로 위임받은 것이며, 그 목적은 각종 위협으로부터 국가를 방위하고 국민의 생명과 재산을 보호하는 것에 있다. 이 관계에 의거하여 군과 장교는 위임받은 무력을 유사시 효율적이고 신속 정확하게 사용할 수 있도록 그와 관련된 제반사항에 능통해야 한다. 그런데 장교가 힘을 위임받고 그것을 행사하도록 허가받은 것은 바로 국가의 안녕과 평화라는 정치적 목적 때문이므로, 장교는 무력 관리에 관한 모든 지식과 기술이 그러한 목적을 달성할 수 있도록 사용하는 데 집중하여야 한다. 이와 같이 특징되는 관련 지식 및 기술이 바로 장교가 숙달해야 하는 것이며, 장교를 전문직업인으로서 만들어주는 요건인 것이다.

모든 전문직업의 전문지식 및 기술은 그 자체로 몇 가지 특징을 가진다. 먼저 전문직업인의 지식과 기술은 장기간의 교육을 통해서만 습득 가능하다. 이는 몇 번의 반복 숙달을 통해 체득되는 것도 아니고 요령을 부려 비슷하게 흉내냄으로써 달성되지도 않는다. 실제로 우리나라에서 군 장교 재원은 대개 전문학사 이상의 학위를 취득한 자이거나 또는 그에 준하는 일정한 군 경력이 있는 자들이며, 일정 기간의 군사교육을 이수 받은 뒤에야 임관할 수 있다. 이후에도 OBC, OAC, 합동군사대학, 대대장반, 연대장반 등 복무 와중에도 지속적으

60) Hartle(2004, 13). 하아틀의 이와 같은 정의는 군의 무력은 문민통제 원칙 아래 합법적인 정치적 결정에 따른다는 의미를 내포한다.

로 교육을 받아야 관련 업무를 담당할 수 있는 것으로 인정받는다. 미군의 경우도 이와 마찬가지여서 미군에서 요직에 위치한 자들은 대개 20년 이상의 교육 프로그램을 이수받는다.[61] 따라서 능력 있는 군장교 양성을 위해선 체계적이고도 심도 깊은 교육과 훈련이 뒷받침되어야 한다.

전문직업적 군인이 되기 위해 필요한 지식과 기술은 이루 다 열거할 수 없을 정도로 광범위하다. 다시 말해 장교는 때와 상황에 따라 "전술가, 전략가, 전사, 도덕가, 리더, 관리자, 기술자"[62]가 될 수 있어야 한다.

전문지식과 기술을 위한 교육기간이 장기간 이어져야 하는 이유는 이뿐만이 아니다. 장교가 습득하는 지식과 기술은 고립되고 경계가 명확한 단순한 것이 아니라, 그 저변에서 이른바 교양 지식과의 폭넓은 연계성을 보이는 그런 지식이다. 만약 실제 전투 상황에서 전시도덕과 연계된 윤리적 딜레마 상황에 처한 장교는 문제를 해결하기 위해 그 전에 이미 윤리학 전반에 대한 풍부한 성찰을 했어야 한다. 특정한 사안에 대해 판단과 결심을 내려야 하는 지위에 있다면 해당 사건에 대한 피상적인 인식 이외에도 사안의 본질에 대해 통찰할 수 있는 능력이 있어야 한다. 장교가 만나는 다양한 문제를 해결하는 데 필요한 능력은 직접적이고 단일한 지식만으로는 습득될 수 없는 것으로서, 인간과 사회, 역사와 문화에 대한 폭넓은 교양은 물론 이를 바

61) Hartle(2004, 12).
62) Roger, H. N., *The Challenge of Command*(Wayne, NJ: AVERY), 1986, p.33. Hartle(2004, 14)에서 재인용.

탕으로 한 논리적이고도 비판적인 사고가 뒷받침되어야 하는 것이다.

또한 장교가 습득하는 지식과 기술은 보편성과 역사성을 특징으로 한다. 병에 걸린 신체를 수술할 때 필요한 지식이 의사의 국적에 따라 달라지지 않는 것처럼 무력의 관리에 관한 전문지식은 본질적으로 한국과 미국의 것이 크게 다르지 않다. 이 말은 전문직업의 지식과 기술에 대한 사회적 수요와 그 양상이 어느 사회를 가든 항상 대동소이하다는 뜻으로도 볼 수 있다. 즉 한국이든 미국이든 의사가 환자의 건강과 생명을 위해 존재해야 하듯이, 군대는 자국을 방위하고 국가의 이익과 정치적 목적을 위해 존재한다는 점이 동일하다는 뜻이다. 다르게 보면 이러한 요구는 현재뿐 아니라 과거에도 있어왔다. 조선시대든 신라시대든 군대는 항상 있어왔고, 국가방위를 위해 항상 필요했던 조직이었다. 즉 그 시대에도 의술에 대한 지식이 존재하듯 무력의 관리에 대한 지식이 존재했으며, 군인이 숙달하고 갖추어야 할 것으로서 제시되었던 것이다. 이처럼 군인의 전문지식과 기술은 특성상 보편적일 뿐 아니라 그 자체로 역사적인 발전을 이루어왔다. 바로 이러한 측면이 전문직업인의 지식을 타 직종의 단순 기술과 구분하게 해주는 것이다.

② 사회적 책임(responsibility)

전문직업의 전문지식과 기술은 단순히 그 직업의 존재를 성립시키기 위해 있는 것이 아니라 그 자체가 사회적 필요를 반영하고 있다. 의사는 의술이라는 전문지식을 소유하는데, 이는 질병을 치료하고 다스려야 하는 사회의 필요를 충족시켜주는 것이다. 변호사가 가진 법률적 지식은 법치국가 사회에서 법의 잣대에 따라 자신의 이익을 보호하고 문제를 해결해야 할 사람들의 필요를 만족시켜 준다. 마찬가지로 무력의 관리라는 전문지식과 기술은 공동체를 보호하고 생명과 재산을 지켜야 한다는 사회적 필요에 부응한다.

이러한 특징 때문에 전문직업인은 자신의 지식과 기술을 활용함에 있어 사회 전체의 이익에 부응해야 하고 최소한 그것을 저해하지는 않아야 한다는 제약을 받게 된다. 의사가 자신의 이익을 위해 환자의 생명을 두고 흥정을 하거나 필요 이상으로 경제적 부담을 전가하는 조치를 취한다면 이는 윤리적으로 비난받아 마땅할 것이다. 마찬가지로 군 또한 자신의 통제 하에 있는 무력의 일부를 악용하여 사익을 추구하려 한다면 자신의 존재 가치를 스스로 부정하는 결과를 초래하게 될 것이다. 때문에 군인을 포함하여 많은 전문직업인들은 스스로의 일이 개인의 영리영달만을 위한 것이 아니라 사회적 필요와 공공의 이익을 위해 존재하는 것임을 분명히 자각하고 있어야 한다.

전문직업인의 특징이자 그 자체로 윤리적 책무인 사회적 책임은 군 장교에게 더욱 특별하다고 할 수 있다. 앞서 소개된 군인기본법의 여러 조항들은 군의 존재 이유와 그 목적이 국민과 국가를 위한 것임을 분명히 하고 있다. 또한 장교 양성을 위해 필요한 거의 모든 비용은 물론 임관 후 주어지는 금전적 · 교육적 대가는 모두 국가에서 국민의 세금으로 부담하고 있다. 이는 훌륭한 장교를 양성함으로써 그들의 무력 관리를 통해 안전을 보장받고자 하는 국가와 국민의 기대가 반영된 것으로서, 만약 장교가 어느 순간부터 개인의 이익을 공동체의 안위보다 우선시하게 된다면 이러한 기대를 저버리는 행위가 되고 말 것이다. 때문에 모든 전문직업인에 우선하여 군 장교는 자신의 직무를 구체적으로 수행함에 있어 그것을 단순히 생계유지를 위한 일상적인 업무 중의 하나로 보아서는 안 되며, 국가와 공동체에 대한 사명감을 가지고 임해야 한다.

단 군인이 떠맡은 사회적 책임성이 매우 중대하다고 해서 국가와 사회가 군인에게 일방적인 충성과 무조건적 희생을 요구할 수 있다고 생각해서는 안 된다. 장교는 자신의 직업을 생계유지 이상의 자세를 가지고 임해야 하지만, 사회로부터의 충분한 사회적 · 경제적 보상이 없다면 동기부여와 그 존립에 있어 큰 위협에 직면할 것이기 때문이다. 군 조직은 민간사회의 전적인 지원에 의해서만 존립할 수 있으므로 사회는 군이 떠맡은 막중한 책임을 위해서라도 그에 합당한 보상을 할 수 있어야 한다. 이는 군으로 하여금 우수한 물적 · 인적 자원을 확보하게 함으로써 결과적으로 사회에 큰 이익으로 돌아오게 한다는 점에서 중요하다.

③ 단체성(corporateness)

위와 같은 특징들로 말미암아 전문직업인들은 그 자체로 하나의 단일하게 독립된 사회집단을 구성하는 측면이 있다. 의사 집단, 변호사 집단, 그리고 장교 집단은 앞서 소개된 전문지식 및 기술에 대한 학습, 사회적 책임성과 같은 특수한 윤리적 자세 등을 요구하기 때문에 진입과 이직이 어렵고 자유롭지 않다. 또한 이들은 다른 사회집단보다는 자신과 같은 직업을 공유하는 집단 구성원 간의 교류에 더 노출되어 있으며, 이를 통해 한 전문직업 집단은 그 내부에서 구성원들을 결속시키는 그 집단만의 독특한 문화와 윤리를 만들어낸다. 때문에 전문직업 집단은 단순히 서로의 이익을 수호하기 위해 집합한 결사체 이상으로서, 구성원 간에 광범위한 사회적 교류와 상호작용을 일으키고, 또 그 자체로 다른 사회적 집단과 뚜렷이 구분되는 고유의 전통과 관습을 유지하는 측면이 있다.

장교 집단의 경우 그 안으로 진입하기 위해서는 소정의 교육과 훈련을 일정 수준 끝마칠 것이 요구되며, 그런 이후에도 가장 낮은 계급으로만 진입할 수 있다. 한 번 장교 집단에 들어간 자는 타 직종의 다른 집단과의 교류는 거의 미미해지고 직업 활동에 전념하게 된다. 이때 같은 전문직업 동료와의 교류는 단순히 직무상 필요한 범위뿐 아니라 이를 벗어나는 훨씬 광범위한 분야에 걸쳐 이루어지는데, 예를 들어 각종 사교단체, 협회, 학교 등이 그것이다. 이를 통해 장교는 동료와 선후배가 공유하는 그 집단만의 문화, 전통, 윤리, 관습을 습득하고 거기에 동화되며, 장교단의 일원으로서의 정체성과 공동체적 우리의식을 내면화하게 된다. 헌팅턴의 지적대로 군복과 계급장 등은 타 집단과 장교 집단 간의 구분을 더욱 극명하게 드러나는 물리적인 상징이다.

장교 직업의 단체성이 다른 전문직업 직종에 비해 독특한 측면은 군 조직 자체가 그 임무와 역할의 특성상 조직적 일치단결을 더욱 강하게 요구한다는 것이다.[63] 무력을 관리하고 국가를 방위해야 하는

63) 「군인기본법 시행령」 제2조 (기본정신) ③ 단결
전쟁의 승리는 오직 단결된 힘에 의하여 얻을 수 있다. 단결의 요체는 전원이 한 마음 한 뜻으로 뭉쳐 준법정신, 희생정신, 공사의 명확한 구분과 상황이해를 바탕

임무는 그 중대함으로 인해 한 치의 실수도 용납할 수가 없다. 때문에 군 조직은 효율적이고 신속 정확한 임무 달성을 위해 군 구성원 개개인의 의견보다는 엄격한 상명하복을 통한 하향식 의사전달을 더욱 중시한다.

단 여기서 유의해야 할 점은, 상관에 복종하고 조직을 우선시하는 사고방식이 무제한적인 것은 아니고 어디까지나 임무수행을 위해 필요한 범위 내로 제한된다는 점이다. 하지만 군 구성원들은 이렇게 복종과 규율을 중시하는 환경 속에서 자신의 개성을 유보하는 과정을 통해 보다 더 조직문화에 동화되는 측면을 보인다고 말하는 것도 가능할 것이다. 군인의 복장과 용모는 물론 각종 언행이 특정한 형태로 획일화되는 것은 바로 그러한 증거이며, 때문에 전문직업으로서의 군 장교직이 하나의 단일한 단체로서 그 특징을 드러내는 것은 이와 같은 측면에도 기인한다고 볼 수 있다. 이렇듯 군 구성원들이 서로 공유하는 "신념과 가치관, 의식과 태도, 그리고 행동양식 등"을 총괄하여 "군대사회가 고유의 임무와 역할을 수행하기 위해 창출해낸 총체적 생활양식"을 군대문화라 부를 수 있다.[64]

이상과 같은 소개를 통해 우리는 장교 집단 및 그 구성원들의 직업적 정체성에 대한 일정한 상을 확보할 수 있게 되었다. 지금까지의

으로 공동의 목표를 달성하기 위하여 모든 역량을 통합 · 집중하는 데 있다. 그러므로 모든 부대는 군기가 상징하는 부대의 전통과 명예를 위하여 지휘관을 중심으로 굳게 단결하여야 한다.

64) 조승옥 외(2010, 107).

논의에 따르면 장교란 의사나 변호사와 같은 전문직업인으로서, 그들은 그들 고유의 사회적 요구인 무력의 관리에 필요한 전문적인 지식과 기술을 습득하고, 이러한 지식과 기술을 국가 방위라는 사회적 목표를 위해 발현하며, 그 자체로 고유한 문화와 전통을 소유한 집단에 강하게 소속된 자들이다. 이제 군 장교직의 특성에 대한 인식을 바탕으로, 전문직업인으로서 군 장교가 어떠한 윤리적 책무를 지니고 있는지 알아보자.

3) 전문직업으로서 군 장교의 윤리

(1) 전문성을 연마해야 할 책임

앞서 살펴보았듯이 전문직업은 사회의 유지 존속과 발전을 위한 중대한 서비스를 담당하는 경우가 많다. 의사의 의학적 지식이 그 자체로 사회의 복지 여건을 향상시키는 기능을 하듯이 무력의 관리에 관한 장교의 지식은 사회 공동체의 안정과 존속을 가능하게 한다. 전문직업의 전문성은 그 자체로 사회 전체에 이익을 가져다준다. 의사가 자신의 분야에 통달하여 질병을 능숙히 치료하고 예방할 수 있다면 그것은 그 자체로 사회를 위해 좋다. 마찬가지로 장교가 자신의 직무수행에 충실하여 자신의 맡은 바 임무와 역할에 대해 전문가가 된다면 그것은 그 자체로 나라에 이익이 된다.

그렇다면 전문직업인에게 전문성을 연마해야 할 책임이 있다고 말할 수는 없을까? 전문직업인의 전문지식과 기술은 그 자체의 사회적 중대함 때문에 우리 사회에 없어서는 안 될 것이기 때문이다. 적어도 장교라는 직업에 대해서만큼은 이처럼 전문성을 연마해야 할 책임을 부과하는 것이 정당화될 수 있다. 즉 장교의 전문성에 수반되는 책임성은 여타의 전문직업보다도 훨씬 더 구속력 있는 것으로 다가온다. 왜냐하면 장교 집단은 국가라는 공동체에 소속된 단체로서, 국가 방위라는 목적을 달성하도록 자기 존립의 합법성과 윤리적 정당성, 물적 인적 기반 등을 국가로부터 직접적으로 지원 받기 때문이다. 즉 장교에게는 전문성을 연마하는 직업적 수행이 나라와 국민에 대한 그 자체 하나의 책임이자 의무라고 할 수 있다. 군인기본법 중 교육훈련에 관한 부분은 군인이 본연의 임무 달성을 위해 항상 자신의 전문성을 단련할 책임이 있음을 강조하고 있다.

「군인기본법 시행령」 제2조 (기본정신) ④ 교육훈련

교육훈련은 전투력 배양의 필수요소로서 그 목적은 적과 싸워 이길 수 있는 개인 및 부대를 육성하는 데 있다. 그러므로 군인은 투철한 국가관과 확고한 사상무장을 바탕으로 군인정신을 기르고, 직무수행에 필요한 지식과 기술을 익히며 필승의 전기전술을 연마하고 강인한 체력을 단련하며, 부대훈련에 힘써야 한다.

이처럼 군인은 무력의 관리 및 사용에 있어 그 누구도 넘볼 수 없는 전문가가 되어야 하며, 이것이 그 자체로 하나의 의무이자 책임으로서 취급된다. 즉, 군인은 전문직업인으로서 자신의 전문지식과 기술이 사회에서 필수적으로 요구된다는 점, 그에 따라 사회적 책임이 따른다는 점에서 자기 전문성에의 헌신, 그를 통한 사회에 대한 봉사의 책임 자체를 가치화하고 그를 직업적 동기로 삼는 것이 중요하다.

그와 같을 때, 경제적 이유나 지위 상승과 같은 개인적 사익(私益)이 아닌 공익적 가치를 우선하는 직업윤리에 충실할 수 있게 된다.[65)]

또한 전문직업인으로서 전문성의 범위는 전문지식과 기술뿐 아니라 사회적 책임과 단체성까지 포괄하는 폭넓은 개념으로 이해할 필요가 있다. 다시 말해 장교는 전문직업 군인으로서 정체성과 함께 도덕성[사회적 책임]과 능력[전문지식과 기술]을 갖추어야 한다.[66)]

(2) 사회적 가치와 직업적 가치 사이의 균형[67)]

헌팅턴이 지적한 장교직의 세 번째 특징은 단체성이었다. 그의 설명에 따르면 장교로 임관한 구성원들은 동일한 문화와 전통, 관습, 그리고 윤리 등을 공유하며 그 자체로 단일하고 결속력 있는 사회 집단을 형성한다. 그런데 다른 한편 군 조직과 그 전문직업 집단은 사회의 지지와 물적 · 인적 지원 없이는 성립할 수 없는바, 군은 사회로

---

65) 국방부(2016, 151).

66) 군인의 전문직업성을 개인 차원이 아닌 군 차원으로 확대해서 이해하는 것도 필요하다. 미군의 경우 『Army Profession』(ADRP1, 2015.)에서 군 전문직업주의의 본질적 특성(Essential Characteristics of the Army Profession)으로 군 전문지식 및 기술(Military Expertise), 명예로운 복무(Honorable Service), 신뢰(Trust), 단결(Esprit de Corps), 청지기정신(Stewardship of the Profession)을 꼽고 있다. 국방부 『간부용 군대윤리』(2016)에서는 우리 군의 역사와 문화적 환경을 고려하여 국민의 군대[전문직업군의 기반], 싸우면 이기는 군대[전문지식과 기술], 위국헌신 군인본분[사회적 책임], 인화단결[단체성]로 정리한 바 있다. 국방부(2016, 150~157).

67) Hartle은 전문직업적 군대 윤리를 분석할 때 필요한 세 가지 영향 요소를 소개하는데, 사회적 가치(values of society)와 전문직업적 소요(exigency of the profession), 전쟁법(laws of war)이 그것이다. 여기서는 사회 가치와 군대 가치 사이의 균형성을 설명하기 위하여 처음 두 가지 요소에 대한 Hartle의 설명을 차용하였다. Hartle (2004, 32~37) 참조.

부터 인적 자원을 공급받고 정부로부터 지도를 받는 등 광범위한 분야에서 사회와 교류하고 있다.[68] 어떤 측면에서 보면 군 조직과 장교 집단은 사회로부터 독립된 고유의 집단적 정체성을 가지고 있으나, 또 다른 측면에서 보면 사회와의 지속적인 상호 교류를 통해 성립하고 있다. 이러한 사실은 무엇을 의미하는가?

군 조직은 사회로부터 부여받은 임무의 성격과 특유의 단체성에 입각하여 다른 사회 집단에서는 통용되기 힘든 그 자체만의 특성과 논리, 그리고 구성원들에게 요구되는 고유의 윤리를 가지고 있다. 이를테면 규율, 애국심, 희생 등의 윤리적 가치는 일반 사회에서보다 군에서 더욱 강조되는 것들이다.[69] 상관에 대한 복종, 개인보다 조직을 우선시하는 사고방식 또한 그 어떤 민간 조직보다도 군 조직에서 더욱 중시된다. 게다가 군은 부여받은 임무의 특성상 인명 살상과 재산 파괴를 야기할 수 있는데, 이는 군대 외에 그 어떤 단체에서도 윤리적으로나 법적으로 허용될 수 없는 행위이다.

이처럼 군 집단이 민간사회 집단과는 다소 다른 윤리와 가치, 그리고 문화를 가질 수 있는 이유는 전문직업으로서의 군인과 장교의 역할 및 위상이 다른 집단에 속한 구성원들과는 다른 "부분적으로 차별화된 역할(partially differentiated role)"[70]을 부여받았기 때문이다. 말하자면 의사는 의술을 활용하여 환자의 건강을 증진하고 생명을 살리는 특수한 역할을 부여받았다. 그런데 다른 직업 종사자는 말지 못

68) Hartle(2004, 21).
69) Hartle(2004, 33).
70) Hartle(2004, 35).

하는, 의사만이 맡을 수 있는 이러한 역할로 인하여 의사 집단은 자신의 직업적 수행에 관한 차별화된 윤리를 가지게 되고, 이 때문에 그 도덕적 균형이 일반 사회 구성원들의 상식과는 다소 다를 수가 있다. 예를 들어 의사는 마약 성분의 약물을 처방할 수 있고, 변호사는 법정에서 의뢰인의 이익을 보호하기 위하여 의뢰인이 저지른 범죄 사실도 은폐할 수 있다.[71] 그런데 군인 또한 마찬가지이다. 인명 살상과 재산 파괴는 물론, 군 구성원들의 기본적인 권리 제한[72]까지도 허용된다. 왜냐하면 국가방위라는 임무의 특성 자체가 군인이라는 사회 구성원에게 차별화된 지위를 부여하기 때문이다.

그러나 군에서 통용되는 윤리나 가치들을 일반사회의 것과 완전히 동떨어진 듯 보아서도 안 된다. 기본적으로 군 집단은 대한민국이라는 공동체 안에서 성립하며, 민간 사회의 끊임없는 지지와 교류 안에서 성립한다. 이는 일반 사회에서 중요하게 생각하는 가치와 윤리 또한 군대에 지속적으로 영향을 끼친다는 것을 의미한다.[73] 이를테면 대대로 군주에 대한 충성과 연장자에 대한 존중을 중시한 우리나라의 군 문화는 나치 독일 시절 경직된 상명하복 체계 하에서 일어난 수많은 전쟁범죄의 폐해를 깊이 반성한 독일의 군 문화와 서로 다를 것이다. 이는 군대문화와 윤리가 그것이 속해 있는 사회적 가치로부터 완

71) Hartle(2004, 31).

72) 「군인기본법」 제10조 (군인의 기본권과 제한)
① 군인은 대한민국 국민으로서 일반 국민과 동일하게 헌법상 보장된 권리를 가진다.
② 제1항에 따른 권리는 법률에서 정한 군인의 의무에 따라 군사적 직무의 필요성 범위에서 제한될 수 있다.

73) Hartle(2004, 32~33).

전히 벗어날 수 없음을 보여준다.

더욱이 군의 독점적 무력 점용이 어떻게 정당성을 얻게 되었는지를 생각해본다면 일반 사회에서 중시되는 윤리와 가치로부터 군이 완전히 벗어날 수 없다는 사실은 더욱 분명해진다. 군대의 존재와 무력의 독점적 점용은 공동체를 보호하고자 하는 사회의 승인 하에 이루어졌다. 군대는 사회의 물리적 기반은 물론 그 이념과 가치를 보호하기 위해 존재하며, 군에게 부분적으로 다른 윤리가 적용되는 이유 자체가 바로 사회 보편의 가치를 보존하기 위함이다. 그런데 환자의 고통을 경감하기 위하여 마약 처방 권한을 부여받은 의사가 거꾸로 약물을 남용해서는 안 되듯이, 군인 또한 조직 고유의 논리와 문화를 핑계 삼아 결과적으로 사회가 보호하고자 하는 윤리적 가치를 침해해서는 안 될 것이다. 이는 군인뿐 아니라 모든 종류의 전문직업인에게 요구되는 사안이다. 즉, 군 특유의 가치가 모사회인 국가사회의 보편적 가치를 침해하면서까지 용인되거나 앞세워지기는 곤란한 것이다.

정리하자면 전문직업인으로서의 군 장교는 이중의 윤리 사이에 서 있다. 한편으로 장교는 사회 안에 위치하고 사회에 의해 존립을 허용받은 사람으로서 사회적 기대에 부응하고 사회의 윤리와 가치를 수호하기 위해 최선을 다해야 한다. 그러나 다른 한편 장교는 그러한 임무 수행을 위해 군에서 필요로 하는 고유의 윤리와 가치를 깊이 이해하고 있어야 한다. 그리고 이에 대해 타 집단으로부터 제기되는 회의와 비판에 맞서 군 고유의 가치가 임무 수행을 위해 꼭 필요한 것임을 변호할 수도 있어야 한다. 또한 다른 구성원들에게는 허용되지 않는 행위를 수행함에 있어 그 근본적인 이유와 목적에 대해 성찰하고 있어야 한다.

(3) 명령과 복종의 윤리[74)]

앞서 소개한 바 있듯이 군의 모든 구성원들은 엄격한 피라미드식 위계질서를 특징으로 하는 조직문화 내에서 일련의 직업 수행을 반복하게 된다. 명령과 복종은 그 자체로 위계질서를 구현하는 것으로서 상명하복의 조직 내에서만 가능한, 군 조직 내 상급자와 하급자 간의 공식적인 의사소통의 형식 중 하나라고 할 수 있다. 명령과 복종은 신속하고 정확한 임무수행과 무력의 통제를 가능하게 하고, 상황 판단에 대한 부하와 하급자의 정신적 스트레스를 덜어주는 등 순기능을 담당하고 있다. 그러나 명령과 복종이 잘못 이해될 경우 임무 수행에 도움이 되기는커녕 군의 전문적 능력 발휘에 도리어 해를 가할 위험이 있다. 때문에 군에서는 명령과 복종이라는 독특한 직업적 특수성에 수반되는 명령과 복종의 윤리가 존재한다.

먼저 명령을 내리는 발령자의 입장에서 본다면, 명령은 그 자체로 갖추어야 할 기본적인 요건이 있다. 「군인기본법」 제24조를 참고해 보면, 먼저 발령자는 정당한 권한 안에서 직무와 관련한 내용을 명령해야 하며(제24조 ①), 그 명령을 지휘계통에 따라(제24조 ②), 신속 정확하게 하달해야 하며(제24조 ③), 그리고 그 이행과 결과에 대해 감독하고 책임져야 할 의무가 있다(제24조 ④).

「군인기본법」의 전신(前身)이라고 할 수 있는 「군인복무규율」에서

---

74) 이하 내용은 조승옥 외(2010, 95~106) 참조.

는 몇 번에 걸쳐 명령과 복종에 대한 개정 작업이 이루어진다. 이 중 1991년에 '건의 수용'에 관한 조항이 추가되는데 이는 「군인기본법」 제39조(의견건의)로 이어지고 있다. 이를 살펴보면 발령자로서의 상급자는 하급자의 건의를 수용할 자세를 갖추어야 한다. 수용한다는 뜻은 부하의 의견을 무조건 반영한다는 뜻이 아니다. 발령자는 자신의 명령 내용에 대해 다각도의 관점에서 비판적으로 성찰하고 이를 변화시키거나 또는 변호할 수 있어야 한다는 뜻이다. 하급자가 건의를 제의했다는 것은 자신의 명령이 다른 관점에서 봤을 때 무언가 문제가 있어 보인다는 뜻이 된다. 그렇다면 발령자는 그러한 관점에 대해 논리적으로 그 이유를 따져 묻고 그것을 보완하거나 해명할 능력을 갖추고 있어야 한다. 이는 발령자 스스로의 판단 능력을 향상시키고 독단적 사고를 방지하는 데에도 도움이 되며, 명령에 대한 의구심을 해소시킴으로써 그것을 실제로 수행하는 하급자에게도 정당하게 동기부여를 시킬 수 있는 기회가 된다.

한편 수명자는 상관의 직무상 명령에 복종할 자세가 되어 있어야 한다. 기본적으로 군 조직은 개개인의 의견을 모두 반영하고서는 제대로 된 기능을 수행할 수 없으므로, 명령을 하달받아야 하는 위치에 있는 사람은 마땅히 그 명령에 따르는 것이 그 자체로 군 직업의 수행과 기능을 충족시키는 행위가 된다. 따라서 수명자는 정당한 이유 없이 명령을 거부하거나, 상관의 의도를 벗어나서 자의적으로 명령 내용을 해석하고 이를 왜곡시켜서는 안 될 것이다.

그런데 「군인복무규율」과 「군인기본법」에서 드러난 일련의 변화는 상관의 명령에 대한 수명자의 무조건적인 절대복종을 지양해야 한다고 말하는 듯하다. 상관의 명령은 "절대복종"해야 하는 것이 아니라 그냥 "복종"해야 하는 것이고, 복종해야 하는 명령은 오로지 "직무"와 관련된 것이어야 하며, 정당한 이유를 갖춘다면 그 내용에 자신의 의견을 건의할 수도 있다. 특히 명백하게 불법적인 행위를 지시하는 명령에까지 복종할 의무는 없다.

그렇다면 수명자는 다음과 같은 이중의 의무를 가진다고 해석할 수 있다. 먼저 수명자는 상관의 명령을 거부하거나 자의적으로 해석하지 않아야 한다. 그러나 동시에 수명자는 상관의 명령에 무조건적으로 절대 복종하지도 않아야 한다. 이 두 가지 의무를 동시에 충족할 수 있는 복종은 과연 무엇인가?

현실적으로 명령에 대한 복종은 항상 즉각적으로 일어나지 않는다. 명령의 하달과 실제 수행 사이에는 일정한 시간적 · 내용적 간격이 있다. 이 간격 사이에서 수명자는 하달된 명령을 심사숙고하고, 개선되어야 할 점이 있는지 파악하고, 명령의 이행 과정과 그 결과 일어나게 될 파장을 깊이 검토하며, 명령의 실현을 위한 창의적이고 합리적인 수단을 스스로 강구할 수 있어야 한다. 즉 수명자는 하달된 명령에 대해 "숙고를 통한 복종"[75]을 할 것이 요구된다. 하급자의 "숙고"란 상급자가 자신의 명령을 비판적으로 검토하는 것과 동일한 의무이다. 즉 수명자는 발령자의 명령을 자신의 관점에'만' 기초하여 해석해서도 안 되지만, 자신의 관점을 완전히 배제해서도 안 된다. 하급자는 명령을 통해 제시된 상급자의 관점을 우선적으로 존중하되

---

75) 조승옥 외(2010, 104).

이를 하급자로서의 자신의 관점과 결합시켜 그것의 실현 방안, 장단점, 건의 등에 있어 상급자와 마찬가지로 비판적으로 사고하며 명령을 이행할 수 있어야 한다. 특히 군의 직업수행과 관련하여 그 지식과 기술이 나날로 복잡해지고 있는 요즘은 발령자에게뿐 아니라 수명자에게도 비판적 사고 능력과 논리적 판단력이 동시에 요구된다고 할 수 있다.

3. 사례연구

■ 사례 1: 「태안반도 기름 유출 사건」

충남 태안 앞바다에서 발생한 원유 유출 사고로 기름띠가 태안반도 전체로 번져 양식장 · 어장 등 8,000여㏊가 시커먼 기름밭으로 변했다. … 한편 나흘째 방제지원에 나선 우리 군 장병들은 유처리제를 살포하고 연안으로 유입되는 기름과 폐기물을 제거하는 작업을 계속했다. 이날 방제작업에 나선 인력과 장비는 병력 4,800여 명, 함정 16척, 초계기 1대, 페이로더 4대 등이다. 육군은 32사단 700명, 특전사 천마부대 647명, 62사단 524명, 203특공여단 536명, 117환경대대 160명, 기타 777명 등 6개 부대에서 3,344명이 방제지원에 나섰다. 해군은 호위함 2척, 초계함 3척, 고속정 7척, 지원정 3척, 구조함 1척 등 16척의 수상함과 초계기 1대, 장병 1,300명이 방제지원에 참여했다. 또 공군의 경우 20전투비행단 장병 160명이 지역민들의 시름을 덜어 주기 위한 작업에 힘을 보탰다.[76)]

76) 김가영, "특별재난지역 선포… 軍 '검은 눈물' 닦기 총력", 국방일보, 2007. 12. 11. (http://kookbang.dema.mil.kr/kookbangWeb/view.do?ntt_writ_date=20071211&parent_no=3&bbs_id=BBSMSTR_000000000120 : 2017. 6. 15.

군의 방제작전은 2008년 5월 30일까지 102일간 진행됐다. 32사단을 비롯해 61사단, 특전사, 해 · 공군 등 20여 개 이상의 부대와 기관이 참여한 가운데 연인원 17만 7,394명의 병력과 2,939대의 장비가 투입됐다. 전국에서 자원봉사자들의 발길이 이어졌다. 그들에게 더욱 안전한 지역을 맡기고 장병들은 절벽이나 외진 곳, 바위지대 등 험한 장소를 담당했다. 길이 없으면 길을 만들어 가면서라도 방제에 힘썼다. 아침에 나가 저녁에 해지면 돌아왔다. 고된 나머지 점심 먹고 잠깐 쉬는 시간이면 픽픽 쓰러져 잤다. 돌아와 샤워하는데 툭하면 코피가 터졌다.[77]

■ 생각할 문제들

(1) 국가적 재난 상황이 발생할 때마다 군 병력과 장비가 투입되는 이유는 무엇인가?

- 현실적 측면에서 먼저 생각해보자. 위와 같은 상황에서 군 병력과 장비가 투입되었을 때 어떤 점에서 장점이 있는가?
- 당위적 측면에서 군이 국가의 재난 상황을 좌시하지 않고 해결에 적극 참여해야 할 이유가 무엇인지 열거해보자.

(2) 위 사례를 보면 군 장병은 민간인 자원봉사자들보다 훨씬 위험한 환경에서 작업을 수행한다. 이러한 사실은 어떻게 설명할 수 있는가?

- 현실적인 측면에서 군 장병이 민간인 자원봉사자들보다 훨씬 더 큰 위험부담을 감당할 수 있다면 그 이유는 무엇인가?
- 군인이 일반인보다 더 큰 위험부담을 감당해야 할 명분이 있다면 그것은 무엇인가?

검색)

77) 이주형, “기름띠 이겨낸 인간띠… 하나된 민관군의 기적”, 국방일보, 2015. 5. 19. (http://kookbang.dema.mil.kr/kookbangWeb/view.do?parent_no=1&bbs_id=BBSMSTR_000000001058&ntt_writ_date=20150520 : 2017. 6. 15. 검색)

- 만약 민간인과 군 장병의 능력이 동일하다고 가정한다면, 그래도 군 장병이 원칙적으로 더 큰 위험부담을 감수해야 하는가? 그렇다면, 또는 아니라면 그 이유는 무엇인가?

(3) 전문직업적 군인이 체득한 전문지식 및 기술의 발현은 어떤 방향성에서 이루어져야 하는가?

■ 사례 2: 「제2차 보어 전쟁」[78)]

"남아공에서 영국인들은 보어인들과의 그다지 유쾌하지 않은 전쟁을 마주해야 했다. 보어인들은 생각만큼 빠르게 패배하지 않았고, 조급했던 영국은 유명한 군인이자 하르툼(khartoum)의 영웅인 키치너 백작(Lord Kitchener)을 지휘관에 앉혔다. 그는 빠르고 성공적으로 전쟁을 끝내고 싶어 했는데, 몇 가지 감당하기 힘든 장애물을 발견했다. 많은 보어인 가정의 가장과 각 가족의 장정들은 아내와 자식 및 노약자들을 남겨둔 채 집을 떠나 보어인 특공대에 참여했다. … 아마도 키치너 백작을 더욱 염려하게 한 것은 그들이 보어인 병사들에게 병참과 정보를 제공해준다는 사실이었을 것이다. 키치너 백작은 보어인 가족들로 하여금 농장을 떠나 강제수용소로 자리를 옮길 것을 명령했는데, 이는 악명 높은 차량진(laagers)으로서, 비전투원을 보호하고 영국의 전쟁 노력을 계속해 나가기 위해서였다. 불행히도 영국은 의료지원, 행정적 관리, 심지어 식량 등을 충분히 지원하는 데 실패했다. … 몇 달 만에 2만여 명이 넘는 보어인 여인과 아이들은 죽음을 맞았다.

수용소의 잔혹한 조건은 영국 신문들에 의해 대서특필되었다. 영국의 많은 사람들은 전쟁은 물론영국군의 행위에 대해서도 의구심을 갖게 되었고(이러한 전개는 베트남에서의 미국의 경험과 유사하다), 영국 정부의 전쟁 수행을 더욱더

78) 이 사례는 Hartle(2004, 15)를 참고하여 옮긴 것이다.

힘들게 하였다. 키치너 백작은 그의 결단이 전시상황에서의 논리적인 군사 결심이라는 점을 굳게 믿었지만 그는 자신의 결정에 동반되는 물류적 차원 및 도덕적 차원에 대한 충분한 고려를 하지 못했다. 강제수용소를 창립한 결과는 정치적 목적의 획득에 영향을 미쳤고 전략적 상황을 수정케 하였다. 키치너는 자국에서의 지지를 받는 데 실패했다."

■ 생각할 문제들

(1) 키치너 백작의 결심 과정을 추적해보자.

- 키치너 백장의 관점에서 보았을 때 보어인 민간인을 강제 수용함으로써 얻을 수 있는 전략적 이익은?
- 민간인을 강제 수용하고 그들의 생계를 관리해야 할 경우 일어날 전략적 손실은?
- 전시 상황에서 자국민과 적국 민간인의 권리 제한을 윤리적으로 정당화 할 수 있다면?
- 당시 상황에서 키치너 백작의 결심은 과연 얼마나 필수적이었는가?
  - 만약 전략상 강제 수용이 필수적이라면 귀관은 위와 같은 결심을 할 것인가?
  - 강제 수용이 전략상 필수적이나 수용인들을 위한 물적 기반이 마련되어 있지 않다면 어떤 결심을 하겠는가?

(2) 키치너 백작이 고려하지 못한 것은 무엇인가?

- 키치너 백작의 결심이 결과적으로 큰 문제를 야기했다면, 구체적으로 어떠한 문제가 일어났는지 열거해보자.
  - 그 문제들의 원인은 각각 무엇인가?
- 키치너 백작은 왜 자국민들의 지지를 얻는 데 실패했는가?
  - 자국민들이 전쟁 지지를 얻기 못한다면 어떤 문제가 일어나는가?

– 전쟁 수행시 자국의 지지가 부족하다면 전략상 어떤 손해를 입게 되는가?
– 명분 측면에선? 군의 존재 이유와 관련하여 생각한다면?
– 자국의 지지를 얻기 위해 필요한 조건은 무엇인가?

• 무력 관리 및 전쟁 수행과 관련된 분야에 있어서 군은 전문가이다. 그러나 비전문가인 민간 사회와 시민의 지지 및 설득을 완전히 배제할 수 없다. 그렇다면 그 이유는 무엇인가? 이를 군의 존재 이유와 연관시켜 본다면?

(3) 군이 무력을 관리하고 발휘할 때 고려해야 할 측면은 무엇인가?

• 장교와 지휘관에 특정 사안에 대해 판단하고 결심 내릴 때 고려해야 할 가치와 요소에는 어떤 것들이 있는가?
  – 전략적 판단 이외의 고려 사항은 있는가? 있다면 그 이유는 무엇인가? 군 전문직업주의 입장에서 살펴보라.
• 군 자체의 논리, 이익, 가치가 사회 일반의 가치와 충돌할 때 어떻게 대처해야 하는가?

■ 사례 3: 군대문화

11일 취업포털 인크루트는 '조직 내 군대문화 있지 말입니다?'라는 주제로 직장인들에게 설문조사를 시행한 결과 약 71%가 '그렇다'고 대답했다고 밝혔다. … 또 '어떨 때 군대문화를 체감하게 되는지'에 대해선 응답자의 15%가 '자신의 의견조차 내지 못하는 억압적인 분위기'를 1위로 꼽았다. 이어 '상급자의 스케줄, 의사에 따라 중요한 일정 및 결정이 무리하게 바뀔 때'(12%)와 '보고체계가 권위적일 때'(11%), '사생활을 인정하지 않는 사내 분위기'(11%)가 뒤를 이었다. 한편 '군대문화가 필요한가'라는 질문에 대해서는 75%가 '부정적'이라고 밝혔다. 여기에는 '업무 성과를 높이기 위해선 수평적이고 유연한 분위기가 필요하기 때문에'(38%), '신입사원의 적응을 가로막아서'(32%), '너무 오래되고 답답한 군대 같은 조직문화 때문에 조직 내 인간관계 형성도 힘들기 때문에'(28%) 등의 이유가 주를 이뤘다. 반면 '유지되어도 상관없다'고 밝힌 응답자들도 25%나 있었다. 이 응답자들은 대부분 '조직 내 서열 및 위계질서를 바로잡기 위해서 필요하다'고 설명했다.[79)]

■ 생각할 문제들

(1) 일반 사회와 군대 사회를 구분시켜주는 문화에는 어떤 것들이 있는가?

- "군대문화"라고 할 때 사람들은 보통 무얼 의미하고 있는가?
  - 그러한 의미들이 부정적 뉘앙스를 풍긴다면 그 이유는 무엇인가?
- 군대에 그러한 문화들이 있다면 그것은 왜 생겨났는가? 그러한 문화가 군 사회를 지배하고 있어야 할 당위적인 이유가 있다면 무엇인가?

(2) 한국 사회와 군대 사회가 공유하고 있는 특징들에는 무엇이 있는가? 그러한 특징들이 과연 군대에서 연원한 것일까?

(3) 군대 사회를 특징짓는 문화들 중 앞으로 바뀌어야 하는 것은 무엇이고 보존되어야 하는 것은 무엇인가?

79) 권길여, "직장인 71%, 우리 회사에 군대문화 있다", 인사이트, 2016. 4. 11. (http://www.insight.co.kr/newsRead.php?ArtNo=57815 : 2017. 6. 15. 검색)

■ 사례 4: 「복종, 위계질서, 단체주의」[80)]

… 프리드리히 빌헬름 1세가 세운 엄정한 복종의 원칙은 세속 영역에선 스파르타 이후 처음이었다. 병사는 장교에게, 장교는 국왕에게, 왕은 신에게 복종해야 했다. 무조건적인 복종 의무에 대한 의심은 신성하게 정해진 질서를 뒤엎는 행동이자, 왕에 대한 범죄이자, 신의 뜻을 거스르는 죄악이었다. 프리드리히 대왕은 1752년의 유언장에서 이렇게 썼다. "남자는 군대에서 맹목적인 복종을 배우면서 만들어진다." 이번에는 1768년의 유언장을 보자. "기강은 복종과 정확성을 근간으로 한다. 그것은 장군에서 시작해 북 치는 병사에게서 끝나는데, 그것의 토대는 명령에 따르는 것이다. 하급자는 절대 상급자의 말에 이의를 달아서는 안 된다." 이런 원칙에 근거해 프로이센 군대에서는 사소한 잘못을 저질러도 태형 20대나 채찍질, 족쇄 같은 형벌이 내려졌고, 도박과 음주에는 곤틀릿이 가해졌다.

손자병법에 대한 고대 중국의 한 주석을 보자. "돌진해야 하는데 돌진하지 않거나, 후퇴해야 하는데 후퇴하지 않은 자는 참수된다." 이 글을 쓴 시인 두목(杜牧)은 명령 없이 공격해서 적군 수 명의 목을 잘랐지만 결국 처형당한 한 용감한 장교의 이야기를 덧붙였다. 장군이 말했다. "나는 이 장교가 유능하다고 확신한다. 그러나 그는 복종하지 않았다."

■ 생각할 문제들

(1) 전통적인 군 조직에서 전반적으로 엄격한 복종과 단체주의를 추구한 까닭은 무엇인가?

- 복종 없이 군 조직이 성립할 수 있는지 상상해보자.
- 군 조직의 문화는 군 특유의 임무 및 역할과 관계있는가?

---

80) 이 사례는 볼프 슈나이더(2015, 324~327)를 참고하여 옮긴 것이다.

– 군이 전통적으로 수행해왔던 역할과 기능은 무엇인가?

(2) **자유와 평등을 중시하는 오늘날에도 전근대적 군 조직 문화가 통용되는 까닭은 무엇인가?**

- 과거와 현재의 군대 사이의 공통점을 찾아보자.
  - 군대 문화 측면
  - 군의 역할 및 기능 측면
- 과거와 현재의 군대 사이의 차이점을 찾아보자.
  - 일반 사회의 변화 측면
  - 충성의 대상 측면: 군주에서 국민으로
- 과거와 현재의 군대 문화를 비교했을 때, 변치 않고 그대로 남아 있다고 생각되는 흔적들에는 무엇이 있는가? 그것들은 왜 아직까지 남아 있는가?

(3) **급변하는 사회의 흐름과 그에 따른 전쟁 양상의 변화 등을 앞두고 군 특유의 문화는 어떻게 변화되어야 하겠는가?**

- 위 사례와 같이 전근대적 군대 문화에서 통용되던 무조건적 절대복종은 이러한 변화에서 어떤 장단점이 있는가?

■ 사례 5:「명령과 복종」

– 1966.3.15. 대통령령 제2465호 제정 –

「군인복무규율」 제10조

① 부하는 상관의 명령에 절대로 복종하여야 하며 그 원인이나 이유를 물을 수 없다. 그러나 명령의 내용에 분명치 않은 점이 있을 경우에는 다시 물어 이를 밝힘으로써 실행에 틀림이 없도록 하여야 한다.

- 1991.5 대통령령 제13240호 전문개정 -

「군인복무규율」 제23조

① 부하는 상관의 명령에 복종하여야 하며, 명령받은 사항을 신속 · 정확하게 실행하여야 한다.

제24조

① 부하는 군에 유익하거나 정당한 의견이 있는 경우 지휘계통에 따라 단독으로 상관에게 건의할 수 있다. 이 경우 상관이 자기와 의견을 달리하는 결정을 하더라도 항상 상관의 의도를 존중하고 기꺼이 이에 복종하여야 한다.

② 상관은 부하의 건의를 경시하거나 소홀히 다루어서는 아니되며 부하의 의견이 유익하거나 정당하다고 인정될 때에는 이를 받아들여 필요한 조치를 하여야 한다.

- 2016년 시행 -

「군인 기본법」 제24조 (명령 발령자의 의무)

① 군인은 직무와 관계가 없거나 법규 및 상관의 직무상 명령에 반하는 사항 또는 자신의 권한 밖의 사항에 관하여 명령을 발하여서는 아니 된다.

② 명령은 지휘계통에 따라 하달하여야 한다. 다만, 부득이한 경우에는 지휘계통에 따르지 아니하고 하달할 수 있고, 이 경우 명령자와 수명자는 이를 지체 없이 지휘계통의 중간지휘관에게 알려야 한다.

③ 명령의 하달은 신속정확하게 이루어져야 한다.

④ 군인은 자신이 내린 명령의 이행 결과에 대하여 책임을 진다.

제39조 (의견 건의)

① 군인은 군과 관련된 제도의 개선 등 군에 유익한 의견이나 복무와 관련된 정당한 의견이 있는 경우에는 지휘계통에 따라 단독으로 상관에게 건의할 수 있다.

② 군인은 제1항에 따른 의견 건의를 이유로 불이익한 처분이나 대우를 받지 아니한다.

③ 제1항에 따른 건의를 접수한 상관은 그 내용을 검토한 후 검토 결과를 14일 이내에 건의한 당사자에게 서면 또는 구술 등의 방법으로 통보하여야 한다.

■ 생각할 문제들

(1) **명령과 복종에 관한 규정들에서 시대적으로 어떠한 변화가 일어났는가?**

- "절대로 복종"이라는 구절에서 "절대로"라는 표현이 삭제된 이유는?
- 하급자의 의견 건의에 관한 조항이 추가된 이유는?

(2) **이러한 변화는 무엇을 반영하는가?**

- 법 규정의 변화가 군대 문화의 변화를 반영한다고 할 수 있을까? 과거와 오늘날의 군대 문화가 변화했다면 무엇이 변화했을까?
- 군대문화에 있어 변화된 요소가 있다면 그 이유는 무엇인가?
- 변화되지 않은 것이 있다면 그 이유는 무엇인가?
  - 일반 사회의 변화와 관련 있는가?
  - 군대문화와 일반 사회의 보편 문화에는 어떤 관계가 있는가?

(3) **군대문화는 앞으로 또 어떻게 변화될 것인가?**

- 군대문화 중 반드시 변화해야 한다고 생각되는 요소가 있다면? 그리고 그 이유는?
- 군대문화 중 변화하지 않고 계속 유지되어야 하는 것이 있다면? 그리고 그 이유는?
- 위 두 질문에서 제시한 당신의 답변에 대해 전문직업주의 입장에서 평가해 보라.

제5장 군 리더윤리

1. 문제제기

직업군인이 되고자 하는 사람들은 어떤 사유로 군인이란 직업을 선택할까? 그들이 군인이 되고 싶은 이유는 무엇일까?

어떤 이는 군 직업을 일종의 공무원으로서 정년이 보장되어 선택할 수도 있고, 또 어떤 이는 국내 경기(景氣) 흐름에 상관없이 안정적인 보수가 제공되기 때문에 선택할 수도 있다. 그런데 생계 유지를 위한 수단으로만 여겨 군인이라는 직업을 선택한다면, 군인으로 살면서 많은 고민에 빠질 것이다. 군인은 임의로 근무지를 옮길 수 없고 특정 작전 지역 안에서 통제된 생활을 해야 하며, 그러면서도 보직변경에 따라 잦은 근무지 이전으로 가족들의 생활이나 자녀교육 등에도 장애를 겪는다. 또한 자신의 임무를 자신이 고를 수 없을뿐더러 목숨을 담보로 하는 막중한 임무를 명받아 수행하기도 한다. 이처럼 군인으로서의 삶은 돈을 벌고 여가를 즐기고 편하게 사는 삶과는 거리가 있다. 목숨까지 희생해야 하는 군인의 직무는 애초에 봉급이나 수당으로 보상받을 수 없는 성격의 것이기에 안락함을 목적으로 해서는 군 생활에서 만족을 얻기 쉽지 않다는 것이다.[81]

81) 야노비츠는 사회가 발전할수록 군대의 세속화, 민간화가 진행되는 것은 불가피하

전문직업인으로서 군인은 공적인 가치를 우선하는 가치 추구의 삶을 요구받는다. 전문직업(profession)은 신 앞에서 선서한다는 'profess'에서 유래한 데서 알 수 있듯이, 공적(公的)인 의무와 사회적 책임을 중요한 특성으로 한다. 따라서 군 직업은 이 직업을 선택하는 이들에게 사회봉사와 희생 등 '안락함을 기대하는 삶' 이상의 삶을 요구한다. 군인이 임관선서에서 "국가와 국민을 위하여 충성"을 다한다고 맹세하면서 입대하는 이유도 여기에 있다.

국가와 군의 입장에서 보면 희생과 봉사의 삶을 요구하는 군의 가치에 따라 군 구성원들이 성실하게 자신의 직무에 임해주기를 바란다. 그러한 군인들이 많으면 많을수록 군 고유의 임무와 기능을 발휘하기 용이하기 때문이다.

반면 군에 들어오는 개인의 입장에서 보면 군이 요구하는 가치에 따라 산다는 것은 결코 쉽지 않다. 군인이 되기 이전부터 자신의 성장과정에서 갖게 된 저마다의 가치관이 이미 존재하고, 심지어 이것이 현재 군의 가치와 상충할 수도 있다. 또한 모든 군인이 군에서 요구하는 가치 지향적 삶을 동기로 하여 군에 들어올 수는 없는 일이며, 상당수는 개인적 욕구와 바람을 갖고 군에 들어올 것이 분명하기 때문이다. 그렇기 때문에 군인의 희생과 봉사의 삶이 단지 사회적 ·

며, 군에 입대하거나 군에 계속 근무하는 최대의 이유를 급여나 노동조건에서 찾는 것처럼 군인도 전문직업의식이 아닌 일반직업의식을 더욱 중시해야 된다고 주장하였다. 이것은 전시 전쟁수행을 목적으로 하는 군에서 통용될 수 있는 개념이 아닌 평시 전쟁억제를 담당하는 국가경찰군의 입장으로 군을 보는 시각이다. 따라서 북한과 대치하여 즉각 전쟁수행이 가능할 것을 요구받는 우리 군에서는 바로 적용되기 어렵다 하겠다. 국방부(2004, 232~235).

공적 이상(理想)에 기여하는 것으로만 요구된다면 개인 입장에서 그 삶은 무거운 의무의 삶으로만 그쳐버릴 수 있다.

그러나 군인으로서의 삶이 '자신을 최고조로 훌륭하게 이끄는 자아실현의 삶'으로도 받아들여진다면 어떠하겠는가? 그는 더욱 기꺼이 군인으로서의 삶에 충실할 것으로 기대할 수 있을 것이다. 공적 사회에 이바지하는 삶이 곧 자기 자신에 충실한 삶이 되기 때문이다. 따라서 국가와 군 입장에서 요구되는 가치가 개인 입장에서 또한 의미 있고 바람직한 것으로 받아들여질 수 있도록 조화를 이루는 것이 중요하다. 이는 앞서 군 직업윤리에서 사회적 가치와 직업적 가치 사이의 균형을 말한 것과 동일한 맥락이다.

이 장에서는 위와 같은 점을 고려하여 군인에게 요구되는 대표적인 가치덕목을 살펴보고자 한다. 궁극적으로 개인과 집단[국가와 군] 양자의 가치가 조화되는 의미로서 군인의 가치관을 이해하고, 이를 신념화하는 것을 목표로 한다.

앞서도 말했듯이, 군 생활은 일반 직장생활과 달리 더욱 혹독한 시련과 유혹이 따른다. 이러한 시련과 유혹을 잘 극복하기 위해서는 신념화된 가치관이 중요하다. 선택하는 존재로서 인간은 자신이 가치있다고 믿는 대로 자신의 삶을 선택할 것이기 때문이다. 또한 가치관이 잘 정립된 군인은 곤혹스러운 도덕적 딜레마의 상황에서도 군인으로서 올바른 선택을 하고 이를 실현해나갈 수 있을 것이기 때문이다.

이 장은 위와 같은 문제의식을 따라 기초논의 부분에서는 군인으로서 추구해야 할 가치관은 어떠한 것들이 있는지, 현재 우리 군에서 요구하는 덕목들 중 육군 5대 가치를 중심으로 살펴보겠다. 말미에는 사례연구를 통해서 각각의 가치덕목에 대해 좀 더 실제적으로 학습해 보도록 하겠다.

2. 기초논의

1) 군 리더의 윤리와 가치관

전쟁윤리, 직업윤리와 비교해서 리더윤리는 개인으로서 군인에게 중점을 두고 접근한다. 그래서 “군 리더는 어떤 윤리적 성품이나 가치관을 갖추어야 하는가?”, “군 리더에게 요구되는 가치덕목은 무엇이며, 그것은 각각 무엇을 의미하는가?” 등을 주로 묻는다. 물론 군 리더가 갖추어야 할 덕목이나 가치는 전쟁윤리나 직업윤리와 직·간접적 상관성을 갖게 된다. 적어도 군 리더에게 요구되는 성품과 가치관의 경우 전쟁윤리와 직업윤리를 바람직하게 준수하고 실행할 것을 기대하기 때문이며, 역으로 전쟁윤리와 직업윤리에 필요한 가치덕목이 군인의 개인적 가치로도 요구된다고 보기 때문이다.

가치관이란 어떤 특정한 존재목적이나 행동방식이 다른 것보다 상대적으로 더 옳다거나 좋다거나 바람직하다는 개인의 신념이다.[82] 이러한 가치관은 어떠한 것을 해야 한다는 일종의 의무인 동시에 꾸준히 실현해나가게 하는 행위와 태도로도 볼 수 있다.

사랑, 이타심, 지혜, 공경, 효도 등 개인의 가치덕목으로 꼽을 수

82) 국방부, 『정신교육기본교재』, 2013. 225쪽.

있는 것은 매우 많다. 개인은 자신의 종교, 앎, 문화적 배경 등에 따라 다양한 가치관을 가질 수 있다. 그러나 군인의 가치관은 일반 개인의 가치관과 달리 조직적 수준의 가치관을 말한다. 즉, 군이라는 조직이 존립하게 된 특수한 이유와 목적에 따라 사회에서 요구하는 필수적인 서비스를 제공하는 데 적합한 가치를 중시한다. 따라서 군인의 가치관이란 군인으로서 자신이 사회를 위해 가치 있는 임무를 수행하고 있으며, 이를 위해 어떠한 사고와 행동을 해야 하는지에 대한 공통적이고 집단적인 가치체계를 의미한다.[83)]

그렇다면 전문직업군인이 견지해야 할 가치관은 무엇이며, 각각의 가치관은 어떠한 내용을 포함하고 있는가? 누구나 '군인' 혹은 '장교' 하면 떠오르는 많은 이미지들이 있다. 사람들은 저마다 이상적인 군인상(장교상)을 갖고 있고, 군인(장교) 자신들도 추구하고 싶은 자화상이 있다. 다만 이런 직관적인 군인상(장교상)은 어떠한 이미지나 감성적 측면으로 구성되어 있어서 객관적이고 보편적인 군인의 바람직한 모습을 개념화하거나 그로부터 군인에게 요구되는 가치덕목을 추출하기에는 적절하지 않다.

일반적으로 그 사회에서 훌륭하다고 믿는 가치는 역사 · 문화적으로 오랜 기간에 걸쳐 공유되면서 정립되고, 대개 이러한 가치관은 사회화를 통해 전승된다.[84)] 군대사회도 나름의 역사적 발전과정에서

83) 국방부(2013, 225).

84) 도덕적 가치의 교육은 발달(development)과 사회화(socialization)를 통해 이루어진다고 본다. 전자는 도덕성을 자율적 추론을 통해 개발하는 것이 중요하다고 보는 데 비해, 후자는 사회에서 옳다고 믿는 가치가 사회화 과정을 통해 후속 세대에 전수된다고 본다. 도덕교육에 대해서는 박병기 · 추병완(2011)을 참조할 것.

군인으로서 훌륭하다고 믿는 가치들을 계승하여왔다. 예를 들어 목숨을 바쳐서라도 임무를 다하는 충성이나 전쟁터에서 결코 물러서지 않는 용기 등이 대표적이다. 또한 주요 군사사상가들이 군인에게 필요한 덕목을 제시한 바도 적지 않다. 따라서 군인의 가치관에 대한 역사적, 사상적 맥락을 따라 상세히 살피는 작업은 선행연구를 참고할 것을 권하는 것으로 대신하고,[85] 본 책에서는 사례연구 중심이라는 취지에 맞게 현재 우리 군이 선정하고 있는 가치를 중심으로 그 의미를 간략히 살펴보고자 한다.

2) 군인의 주요 가치: 육군 가치를 중심으로

군인의 가치는, 1부에서 잠시 언급했듯이, 국가이념과 법적 토대에 따른 명시적인 것과 윤리학적 토대에 입각한 도덕원칙, 그리고 역사·문화적 특성에 따라 계승되는 전통적·관습적 덕목들에 근거해서 추출해 볼 수 있다.[86] 그 중에서도 우리는 육군의 5대 가치를 중

85) 조승옥 외(2010), 국방부(2016)의 군인의 의무와 덕목에 대한 논의를 참고할 것.
86) 대한민국 군인에게 요구되는 가치덕목은 그 출처에 따라 다양하게 뽑을 수 있다. 우선 명시적 근거로서 헌법이나 법률에 기록된 군인의 의무와 덕목을 들 수 있다. 「헌법」 제5조는 "국군은 국가의 안전보장과 국토방위의 신성한 의무를 수행함을 사명으로 하며, 그 정치적 중립성은 준수된다."라고 하여 군의 존립목적, 군의 핵심적 임무와 기능이 '국가의 안전보장과 국토방위'에 있고, 국가사회 내에서 '정치적 중립'을 준수할 것을 명시하고 있다.
또 「군인기본법」 제5조 (국군의 강령)에서는 국군의 이념은 ㉠ 국민의 군대, ㉡ 국가방위, ㉢ 자유민주주의 수호, ㉣ 조국통일에 이바지하는 것이며, 국군의 사명은 ㉠ 대한민국의 자유와 독립을 보전, ㉡ 국토방위, ㉢ 국민의 생명과 재산 보호, ㉣ 국제평화 유지에 이바지하는 것이라 밝히고, 이에 따라 군인은 ㉠ 명예, ㉡ 투철한

심으로 하되[그중 창의는 생략한다.], 사관생도 및 사관후보생 시절에 강조되는 '명예'의 덕목과 제반 덕목의 기초가 되는 '성실성(誠實性: integrity)'을 추가하여 살펴보겠다.[87]

위의 6가지 가치 외에도 더 많은 덕목을 군인의 가치덕목으로 다룰 수도 있다. 여러 덕목들 간에는 상호 중복되거나 다른 이름으로 표현된 것도 많기 때문이다. 각각의 덕목들은 궁극적으로 도덕적 선(善: good)이나 옳음(righteousness)을 추구한다는 점에서 상호 근접하지만, 저마다 특정 상황이나 대상에 대응하는 특징적인 면을 가진다는 점에서 차이를 가진다. 따라서 각각의 가치관에 대한 연구가 곧 가치관 상호 간의 의미의 경계를 명확히 긋는 것에 목표가 있지 않다는 점을 잊지 말아야 한다. 그리고 덕목들 간의 상호 중첩되는 부분과

충성심, ⓒ 진정한 용기, ⓓ 필승의 신념, ⓔ 임전무퇴의 기상, ⓕ 책임완수, ⓖ 애국애족의 정신을 갖추어야 한다고 명시하고 있다.
「군인기본법」 제19조부터 제38조까지는 제4장 (군인의 의무)로 기술하고 있는데, [여기서 우리는 '의무'와 '덕목'을 구별할 필요가 있다. '의무'는 우리 군의 임무와 기능에 관련된 국가적 요구요 명령이다. '덕목'은 이러한 임무와 기능수행을 원활하고 탁월하게 성취시켜 주는 여러 가지 인격적 특질이라고 할 수 있다.] 제19조에서 충성 · 책임 · 성실, 제20조에서 충성, 제21조에서 성실, 제22조에서 정직, 제23조에서 청렴을 제시하고 있다. 또 제24조 (명령발령자의 의무)에서는 책임을, 제25조 (명령 복종의 의무)에서는 복종을 기록하고 있다. 이 밖에도 제5장 (병영생활)에서는 군인 상호간 전우애와 존중과 이해의 가치를 추출할 수 있다.
법적 근거에 의한 가치덕목 외에도 우리 군의 역사 · 문화 속에서 계승하여 오거나 시대적 변화를 반영하여 선정된 가치덕목들도 있다. 육군은 충성 · 용기 · 책임 · 존중 · 창의를, 해군은 명예 · 헌신 · 용기를, 공군의 경우는 도전 · 헌신 · 전문성 · 팀워크, 해병대는 충성 · 명예 · 도전을 핵심가치로 선정하여 군 구성원들이 공통적으로 내면화하도록 하고 있다. 또한 각 군 사관학교에서 교육하는 교훈이나 사관생도신조, 명예제도 등도 중요한 가치덕목으로 볼 수 있겠다.

87) 여기서 제시한 충성 · 용기 · 책임 · 명예 · 존중 · 성실성에 대한 좀 더 자세한 논의는 조승옥 외(2010), 국방부(2016)에서 다룬 내용을 참고할 것.

긴밀하게 연관되는 부분, 각각 특징적으로 구별되는 고유한 의미에 유의하여 개념을 이해하는 것이 필요하다.

또한 각각의 가치는 의무의 특성과 덕목의 특성이 중첩적으로 나타난다. 예컨대 '충성'은 국가와 군의 가치와 이념, 목표와 이익을 실현 혹은 보호하는 데 필수적이라는 점에서 분명한 의무이며, 그것을 늘 존중하고 최선을 다해 실현하려는 내적 진실성에 기초한 행위와 태도의 습관은 덕목이라고 할 수 있다. 따라서 각각의 가치는 의무와 덕목으로서 객관적으로 어떤 바람직한 인격적 상태나 특질, 습관과 성향을 서술하는 것뿐만이 아니라, 그 속에는 그러한 것들을 도덕적으로 좋은 것으로 평가하고 그것의 실현을 명령하는 도덕원리가 내면화되어 있다는 것을 유념해야 한다.[88]

아래에 논의할 충성, 용기, 책임, 존중, 명예, 성실성 등은 서로 선후경중(先後輕重)을 말하기 힘들고 어느 것 하나 소홀히 할 수 없다. 따라서 각 가치들의 상호연관성과 보완성이 어떠한지를 살펴 어느 한 부분이 특별히 부족하거나 치우치지 않도록 고루 내면화하여 전인적인 가치관과 윤리의식을 함양하는 것이 중요하다.

(1) **충성**[89]

충성은 거짓이나 꾸밈없이 진실하고 공정한 마음으로 공공의 이익이나 사회정의 등 참된 가치나 원칙을 위해 자발적으로 정성을 다하

88) 조승옥 외(2003, 214).

89) 충성 이하 덕목들의 개념과 주요 논의사항은 조승옥 외(2010)의 제3부 부분을 주로 참고하여 정리하였음을 밝힌다.

여 헌신하는 것이다.[90]

이러한 충성심이 지나치거나 부족해서 문제가 되는 경우, 혹은 잘못된 충성을 하는 경우란 어떤 것일까? 권위주의적 위계조직에서 충성은 변질되거나 그릇되게 오용(誤用)되기 쉬운 덕목이다. 예를 들면 권력을 남용하는 상관에 아첨하며 무조건적으로 굴종하는 경우, 진급이나 물질적 보상을 바라는 이기적 야망과 야심에 따라 거짓으로 정성을 다하는 태도를 보이는 경우, 출세지향주의적 태도에 따라 자신의 지위나 미래를 보장해 줄 수 있는 유력한 상관에게만 헌신하는 경우, 참된 가치에 대한 신념에 의해서가 아닌 입으로만 충성을 이야기하거나 겉으로 시늉만 하는 경우 등이다. 이는 비록 충성의 겉모양은 있어도 충성의 실질은 없는 거짓된 충성, 공허한 충성이라고 할 수 있다.

군인의 입장에서 보면, 충성의 실질적 대상은 군전문직업주의적 이념과 책임의 내용이 되는 국가방위, 자유민주주의 수호, 조국통일, 정치적 중립, 국민의 생명과 재산의 보호, 인류평화에 대한 기여 등과 같은 민주사회의 보편적 가치에 대한 충성이 되어야 한다. 또한 그 대상에 대한 충성의 방법은 진실된 것이어야 하고, 목숨을 바쳐 수행되어야 할 만큼 진력을 다하는 것이어야 한다.

주자(朱子: 1130~1200)는 충성을 "자기 자신을 다하는 것[91]"으로 풀이했다. 유학에서 자기(己)는 선한 본성의 자기이므로, 주자가 말한

---

90) 조승옥 외(2010, 194).

91) 『論語』「學而」 朱子 註: "盡己之謂忠."

'자기 자신을 다한다'는 말은 결국 자신의 선한 본성을 있는 그대로 다하는 것을 말한다. 이는 내적 진실성에 지극하게 충실한 것을 충성이라고 본 것이다.

이를 참고해 보면, 충성에서 중요한 또 한 가지는 바로 '자기 자신에 대한 충성'이다. 여기에서 '자기'는 안위나 이익을 따르는 자기가 아니라 고귀한 가치를 좇는 자기를 말한다. 고귀한 가치를 좇고자 하는 자기 자신을 속임 없이 진실한 마음으로 최선을 다하는 것이 바로 진정한 충성이다. 자신이 참된 가치를 좇는 것인지 아닌지, 진실한 마음으로 최선을 다하는지 아닌지는 자신만이 알 수 있기 때문에 진정한 충성은 자기 자신에 대한 충성에서 시작한다고 해도 과언이 아니다.

요약건대 자기 자신에 대한 충성을 바탕으로 이를 대상에 따라 확충하면, 각각 상관, 부하, 동료, 부대, 군, 국가, 국민, 헌법, 민주주의, 세계평화 등에 대해 진실하게 최선을 다하는 진정한 충성을 할 수 있게 될 것이다.

(2) 용기

전통적으로 전장이라는 사지(死地)를 누비는 군인에게 용기는 필수적인 덕목으로 여겨졌다. 우리나라 신라시대 화랑의 세속 5계 중 '임전무퇴(臨戰無退)' 또한 전쟁 앞에서 물러서지 않는 군인의 용기를 말한 것이다.

우선 용기란 두려워하지 않는 것이다.[92] 두려움에 굴복한 비겁은

92)『論語』「憲問」: "勇者 不懼."

용기의 부족이다. 군인은 평시에도 위험하고 힘든 훈련과 임무를 수행한다. 뿐만 아니라 위험과 마찰, 우연과 불확실성이 지배하는 전장에 서야 하는 군인은 목숨의 위협을 받는 상황에서도 두려움 없이 자신의 임무를 수행할 것이 요구된다.

그런데 단지 용기를 두려움이 없는 상태만으로 보는 것은 용기에 대한 이해로 부족하다. 용기를 부릴 필요가 없는 대상이나 일에 만용을 부리는 것 또한 진정한 용기라고 할 수 없기 때문이다. 공자가 제자를 훈계하였듯이 호랑이를 때려잡겠다고 맨손으로 덤벼드는 것이나 큰 강을 건너겠다고 맨몸으로 달려드는 것은 참된 용기가 아닌 것이다.[93]

진정한 용기는 진실, 정의, 자기희생과 이웃사랑 등과 같은 참된 가치를 올바로 분별하고 자신의 이익과 욕구를 극복하면서 이런 가치를 실행하고자 하는 적극적이며 활발한 기세이며, 이런 가치를 지키기 위해 어떠한 외적 위협이나 난관도 두려워하지 않고 흔들림이 없는 확고한 인내력이다.[94] 이것을 소크라테스는 라케스와의 대화에서 '분별 있는 인내력'이라고 설명한 바 있다.[95]

---

93) 『論語』「述而」: "子曰 暴虎馮河, 死而無悔者, 吾不與也."

94) 두려움의 대상 측면에서 보면, 용기는 육체적 용기와 도덕적 용기 두 가지로 나누어 볼 수 있다. 육체적 피로와 정신적 공포, 고통 등은 피하고 싶은 두려운 대상이다. 이를 극복하기 위한 강인한 체력과 끈기, 대담함, 극기력 등은 육체적 용기에 해당한다. 또한 불의(不義) 앞에서 정의(正義)를 실천하기 위해서는 온갖 유혹과 위협 등에 맞서야 한다. 이에 필요한 흔들리지 않는 지조와 신념, 어떠한 보상이나 대가가 없더라도 옳은 것을 해나가려는 선의와 헌신, 희생정신 등은 도덕적 용기에 속한다. 육체적 용기와 도덕적 용기에 대한 내용은 조승옥 외(2010, 232) 참조.

95) 조승옥 외(2010, 227).

군인다운 용기는 군인으로서의 책임과 의무, 나아가서는 군과 국민에 대한 충성을 다하는 두려움 없이 강인한 실천력이며, 참으로 지켜야 할 것을 지키고 감내하는 분별 있는 인내력이다.

(3) 책임

일반적으로 책임은 맡은 바 임무를 적극적이고 능동적으로 수행하고자 하는 '적극적인 책임'과 그 성패에 대하여 책임지려는 마음가짐 혹은 실제 해당 결과에 대해 제재나 불이익을 받는 것과 같은 '소극적 책임'으로 나눈다.[96]

일반적으로 적극적인 책임을 소극적인 책임보다 우위에 놓는다. 그 이유는 소극적인 책임만 강조된다면 주어진 일을 문책 받지 않을 정도로만 수행하는 것이 정당화되는데 이는 바람직하지 않기 때문이다. 반대로 소극적 책임이 없는 적극적인 책임도 진정한 책임이라 할 수 없다. 적극적 책임의식으로 최선을 다해 임무를 수행하였으나 그 결과에 대해서, 특히 결과가 좋지 않을 때, 실제적인 책임을 지지 않는다면 결코 그 책임을 다했다고 볼 수 없기 때문이다. 따라서 책임에 있어 적극적인 책임과 소극적인 책임은 모두 중요하게 작용한다.

군에서는 적극적인 책임을 우선하는 풍토가 매우 중요하다. 만약 군인들이 사후에 돌아올 제재나 불이익을 먼저 계산하게 된다면, 성공이 불확실하거나 위험부담이 높은 임무는 수행하기 꺼려하며 무사안일주의에 빠질 가능성이 높기 때문이다.

96) 국방부(2004, 113~114).

한편, 책임은 그 소재와 그 한계에 대한 이해가 필요하다. 일반적으로 책임의 소재는 행위 당사자에게 있다고 보며, 행위의 의도와 행위 자체, 그리고 그 행위의 결과를 고려하게 된다. 이 중 행위의 의도의 경우 자신의 의지와 무관하게 강요에 의한 행위에는 책임을 물을 수 없다고 보며, 무지(無知)에 의한 행위에는 무지가 면책 사유가 될 수 있는 사람과 그렇지 않은 사람이 있다고 구분한다.

일반적인 책임의 소재나 한계와 비교해볼 때, 군인이 지는 책임은 독특하다. 특히 지휘관으로서 지는 '지휘책임'의 경우는 매우 광범위하다. 즉, 지휘관은 통상 본인의 행위 자체뿐 아니라 자신이 지휘하는 부대 전체의 행위가 자신의 책임 소재 범위 안에 있게 된다. 또한 그 의도 측면에서 대체로 무지로 인한 면책사유를 받기가 힘들다. 이는 전쟁이라는 특수한 직무를 통해 국가방위라는 중대한 임무를 완수해야 하는 군인의 특성에 따른 것으로 이해할 수 있다.

군인에게는 그 어떤 직업인보다도 투철한 책임감이 요구된다. 군인의 책임의 대상은 궁극적으로 국가와 국민이며, 그 책임의 완수는 '위국헌신 군인본분(爲國獻身 軍人本分)'이라는 말로 대표되듯이 자신을 희생하는 데까지 요구받는다는 것을 명심해야 하겠다.

(4) 존중

존중은 자신을 포함하여 모든 사람의 생명, 인격, 개성, 재능과 소유를 인정하고 배려하는 것이다. 인간으로서 마땅히 대우받아야 할 존엄성을 존중하고, 나와 타인을 동일하게 고려하는 것을 말한다. 인간의 인간에 대한 존중은 동서고금을 막론하고 인간으로서 누구나 추구해야 할 보편적 가치덕목으로 인식되고 있으며, 전쟁윤리에서 강조했던 인도주의적 원칙 또한 인간의 존엄성에 대한 존중에 기초한 것이다.

존중은 군 고유의 기능을 훌륭하게 발휘하여 강한 전투력을 갖게 한다는 기능적 차원에서도 매우 중요하다. 군인은 목숨을 바쳐서 싸우는 전장에서 서로를 지키며 공동의 임무를 성취해야 하는 직업적 특성으로 인하여, 군인 상호간의 관계는 일반 직장인들의 동료 관계와 달리 피로 맺어지는 전우요 동지적 관계라고 하겠다. 전우와 동지로 인화단결(人和團結)하며 상호 신뢰로 뭉쳐질 때 그 어떤 난관에서도 일사불란하게 본연의 임무를 훌륭히 수행할 수 있게 된다.

군 조직이 끈끈한 전우애로 인화단결하기 위해서는 구성원 각자가 자신의 일에 충실하고 도덕적 진실성을 바탕으로 서로를 존중해야 한다. 계급에 근거한 위계구조 속에서 단지 일방적이고 강압적인 조직풍토만 팽배하게 되면 상하 · 좌우 상호간 신뢰하고 단결하기는 힘들어진다. 사람은 자신이 존중받고 있다고 느낄 때 최선을 다하게 되며, 자기 존중감이 결여되면 피동적 인간이 되기 쉽다고 한다.[97] 특히, 대다수 구성원들이 자신의 의지와 무관하게 군에 징병되어 오는 우리 군의 경우 존중의 가치는 더욱 중요할 수밖에 없다.

부대를 가정과 같이 느끼며 끈끈한 전우애로 뭉친 부대원은 부대에 대해 소속감과 애정을 지니게 되며, 상호 신뢰 속에서 지휘관을 중심으로 단결하여 결집된 전투력을 발휘하게 될 것이다.

97) 국방부(2016, 124).

(5) **명예**

일반적으로 명예는 내적 긍지와 외적 존경으로 나누어 설명된다.[98] 내적 긍지는 주관적 명예(honor-claimed)로서, 자신의 행위나 일에 대해서 스스로 만족하고 보람을 느끼는 내적 심리 상태를 말한다. 내면적 긍지와 자부심으로서의 명예란 스스로 하늘을 우러러 한 점의 부끄러움이 없다고 생각하는 마음의 상태이며, 스스로를 자랑스럽게 여기는 상태이다. 이러한 내적 긍지는 자신에 대한 과대평가로서의 자만심은 아니며, 자신을 비하하고 타인에 굴종하는 비굴함도 아니다. 긍지란 이들의 중용적 가치이다. 그리고 이러한 내적 긍지는 그의 용모나 태도, 언어 등을 통해서 밖으로 표출된다. 이러한 주관적 명예는 때로 타인에게 널리 알려지지 않거나 사회적으로 인정받지 못할 수도 있다. 그러나 본인 스스로 최선을 다함으로써 스스로 긍지와 자부심을 느끼게 해준다.

외적 존경은 객관적 명예(honor-paid)라고도 하며, 이는 타인들이 보편적으로 그의 탁월한 행위나 업적 등에 대해 인정과 칭찬, 존경을 보낼 때 주어지는 것이다. 흔히 이름과 평판이 높이 알려지는 입신양명(立身揚名)을 의미한다. 객관적 명예는 밖으로부터 주어지는 것이므로 이러한 명예를 일부러 구하려는 것은 때로는 위선이 될 수 있으며, 텅빈 명예로 전락할 수도 있다. 내적 명예가 결여된 채로 '남이 나를 어떻게 볼 것인가?' 하며 외적인 명예에만 힘을 쓴다면 진급이나 출세에만 급급한 출세주의, 무조건적인 충성병 등에 빠질 위험에

98) 내적 긍지와 외적 존경으로 나누어 명예를 설명한 부분은 조승옥 외(2003, 280~289)에 해당되는 내용을 요약, 정리하였다.

노출되며, 이러한 텅빈 명예는 결국 곧 진실이 밝혀져 수치를 당하게 된다.[99] 결국 진정한 의미에서의 명예란 자기 자신의 내적 진실성에 기초한 행위와 그에 따른 업적에 대해 그 스스로가 긍지를 느끼며, 동시에 타인들도 이를 인정하고 존경할 때 성립된다고 하겠다.

이상과 같은 명예의 의미에 비추어 볼 때, 먼저 군인은 군인으로서의 가치를 진실하게 추구하는 내적 진실성을 갖추어야 한다. 다른 데 목적을 두는 것이 아닌 가치 그 자체를 가치 있게 여기는 도덕적 진실성을 말한다. 그리고 군인에게 요구되는 가치를 실현하기 위한 직무에 충실하여 직업적 성취를 이루어야 한다. 궁극적으로 "싸우면 이기는 군인"이 되어야 한다. 이와 같이 군인으로서 내적 진실성에 기초하고 직업적 능력에 있어서 탁월성을 발휘하여 군의 발전과 평화의 성취, 전장에서의 승리를 이룩할 때 명예가 주어지게 된다. "군인에게 명예는 모든 것을 잃어도 잃을 수 없는 것"이라 하겠다.[100]

(6) 성실성(誠實性)

성실성이란 영어 'integrity'에 상응하는 개념이다. '성실하다'는 사전적 의미는 '정성스럽고 참되다'이지만, 많은 이들은 '부지런하다' 정도로 이해하는 경우가 많다. 그러나 유교 전통에서 중요하게 생각했던 '성(誠)'은 일체의 도덕적 행위가 유래하는 근원이자 원천으로 보는 개념이다. 성(誠)은 순수한 마음으로 최선을 다하는 정성(精誠)과 거짓없는 진실(眞實), 그리고 변함없는 불이(不貳, 不已)의 의미를 함

99) 국방부(2004, 253~254).
100) 국방부(2004, 250).

유한다. 따라서 『중용(中庸)』에서는 '지극한 성실[至誠]'이 인간의 도덕적 완성의 핵심이라고 말하고 있다.

이처럼 성실성은 여러 덕목을 망라하고 모든 덕목의 원천이 되는 개념이다. 즉, 성실성은 말과 생각과 행위가 일치하는 일관성이요, 진실되어 거짓이 없는 것이다.[101] 그리고 자신이 지향하는 가치를 따라 변함없는 삶을 사는 것 등을 총칭한다. 따라서 이와 같은 성실성은 인격의 완성이자 총체라고 불리기도 한다.

성실성은 동전의 양면처럼 신뢰성과 밀접한 관계를 갖는다.[102] 다른 사람에 대한 신뢰는 그 사람의 인격이나 능력에 대한 믿음에서 비롯한다. 그 사람의 인격이나 능력에 거짓이 있거나 그때그때 다른 양상을 보인다면 우리는 믿음을 갖기가 힘들어진다. 즉 그 사람이 성실할 때 우리는 그에 대한 신뢰를 굳건하게 가질 수 있게 된다. 어떤 조직(혹은 단체)에 대한 신뢰도 마찬가지이다. 그 조직이 일관성 있게 진실하게 참된 원칙과 가치를 따라 업무수행을 할 때 그 조직(혹은 단체)에 대해 믿음을 갖게 된다.

상호 신뢰 없이 군의 단결은 이루어질 수 없다. 군대는 어느 조직보다도 그 업무를 집단적으로 수행하는 까닭에 팀워크, 단체정신, 협동심이 더욱 요구된다. 옆의 동료를 믿지 못하는데 적 앞으로 돌격해 나가기는 힘들다. 따라서 동료 및 상하 간의 신뢰는 성공적이고 효율적인 군의 업무수행을 위하여 필수적인 것이라 하겠다.

101) 조승옥 외(2003, 248).
102) 조승옥 외(2003, 249~253).

또한 신뢰받지 못하는 리더에게 리더십을 기대하기는 힘들다. 자신에게 부여된 계급의 권한을 갖고 업무지시를 하고 복종을 강제할 수는 있지만, 그것만으로는 부하로부터 자발적인 복종을 불러일으킬 수는 없기 때문이다. 또한 뛰어난 전문능력으로 우수한 성과를 거둘 수 있다 하더라도, 그가 부하들을 속이거나 그때그때 다른 말을 하는 진실성 없는 사람이라면 부하들의 존경을 받을 수 없다. 즉, 리더는 계급에 따른 권한과 우수한 전문능력 위에 도덕적 성실성에 기초한 인격을 갖출 때 부하로부터 신뢰를 얻고, 내면으로부터 우러나오는 충성을 이끌 수 있게 되는 것이다.

이처럼 성실성을 갖춘 리더와 조직은 상호 신뢰 속에서 건전하고 강인한 응집력을 발휘할 수 있다. 따라서 군 리더는 자신이 속한 조직이 도덕적 성실성을 바탕으로 움직이는 신뢰받는 조직이 될 수 있도록 자기 자신부터 성실성을 갖춘 사람이 될 수 있도록 해야 할 것이다.

3. 사례연구

이번 장에서는 군인정신을 내면화하여 실현한 위대한 영웅(인물)들의 사례를 살펴보겠다.

마셜, 맥아더, 패튼, 아이젠하워, 손자, 오자, 제갈량, 이순신, 김홍일, 이종찬 등의 대 명장들과 화랑도, 무신수지, 병장설 등에 소개된 장수상은『군대윤리』등 기존 교과서나 참고도서에 이미 잘 설명되어 있다. 따라서 이번 사례연구에서는 이들을 제외하고 다양한 매체에서 소개되고 재조명되고 있는 영웅들을 포함하여 다양한 분야에서 군인의 가치관과 덕목들을 도출하여 보겠다.

이들의 업적이나 행동에서 보이는 주요 덕목들을 발굴해보고, 이것이 얼마나 전투나 전쟁에서의 승패에 중요한 영향을 미쳤는지, 그러한 군인으로서 삶이 얼마나 고귀하고 가치 있는 일인지를 살펴보겠다. 이들의 행적과 사상이 시일이 지난 지금에도 우리에게 어떠한 울림을 주는지 생각해보자.

■ 사례 1: 불멸의 화랑[103]

다음은 신라시대 화랑들의 기록을 정리한 『불멸의 화랑』의 머리말의 일부이다.

"신라 사람들은 '삼한일통(三韓一統)'의 대망을 이루기 위해 모든 것을 걸고 싸웠다. 왕의 사위부터 진골귀족, 육두품, 최하층 노비들까지도 단 하나뿐인 목숨을 내놓고 혈전을 벌였다. 그들은 나라를 위해 싸우다 죽는 것을 영광스럽게 여겼으며, 나라 또한 그들의 죽음을 외면하지 않았다. 애도하는 노래를 지어 부르고, 그들의 이름을 역사에 기록했으며, 그들의 처자식들이 먹고 살 수 있게 해주었다. 이러한 보훈을 통해 그들의 혁혁한 공적을 영원히 기억되도록 하고, 그들의 희생적 헌신을 더욱 빛나게 만들고자 노력했다.

한편, 삼국통일전쟁 시기의 신라사회는 상무정신이 남달랐던 것으로 유명하다. 싸움터에 나가는 장수와 군사들만 상무정신이 투철했던 것은 아니다. 고향집에 남아 있는 그들의 처와 자식, 형제, 노인과 어린이들까지도 무를 중시했다. 하물며 최하층에 속하는 노비들의 가슴 속에도 바위처럼 단단한 정신이 자리 잡고 있었다. 그 정신은 바로 화랑정신이자 상무정신이며, 신라인 모두를 하나로 묶어주는 질긴 끈이었다."

103) 정재민, 『불멸의 화랑』, 황금알, 2017.

■ 생각할 문제들

(1) 신라인들의 화랑정신과 상무정신을 연구해보라.

- 화랑은 어떠한 단체이며 이들의 주요 임무와 역할을 무엇이었는가?
- 화랑의 임무와 역할에 비추어 특히 강조된 덕목이 무엇인가 찾아보라.
- 신라인들의 통일에 대한 염원과 화랑에 대한 애정, 갖가지 보훈제도에 대해서 더 조사해보자. 신라인들이 바라던 참된 화랑의 모습과 현재 우리사회가 요구하는 진정한 군인의 모습에는 어떠한 차이가 있을까?
- 내적 명예와 외적 명예의 측면에서 당시 신라인과 화랑에 대해서 생각해보자.
- 원광법사의 세속오계와 화랑의 심신단련 방법을 조사해보고 이에 내재된 도덕적 덕목들을 분석해보라.

(2) 위의 책 『불멸의 화랑』에서 소개된 41명의 화랑을 통해 바람직한 장수상을 도출해보자.

- 두 명 이상의 화랑을 선정하여 서로 비교해가면서 그들에게 어떤 덕목들이 특징적으로 잘 드러났는지 살펴보라.
- 본 장에서 소개된 6개 덕목 중 2~3개를 정하여 41명의 화랑 중 각각의 덕목에 가장 잘 부합하는 인물을 찾아서 발표해보라.
- 여러 화랑 중 본인이 판단하였을 때 가장 현대의 장교상에 부합하는 화랑은 누구이며, 그 이유는 무엇인지 생각해보라.

■ 사례 2: 대한제국 군대와 의병정신

국가보훈처는 제95주년 3 · 1절을 맞아 프레데릭 아서 맥켄지(1869~ 1931)에게 건국훈장 독립장을 추서했다.[104)]

맥켄지는 런던 데일리메일 기자이자 작가로 러일전쟁 시 일제 만행을 보고 이를 규탄하며 대한민국의 독립의지를 세계에 알렸다. 그는 저서 〈대한제국의 비극〉(Tragedy of Korea)에서 을사조약 후 일제의 탄압과 의병의 활약상을 상세히 소개했다.

다음은 국방부가 제작한 맥켄지 관련 영상의 내레이션으로, 군대해산 후 의병으로 합류한 대한제국군에 대한 맥켄지의 회고를 엿볼 수 있다.

> 1907년 8월 충청북도 제천. 영어를 할 줄 아는 조선인을 데리고 일본군에 맞서 끝까지 싸우며 전투를 한다는 의병을 찾아 나섰다. 들판이 석양에 물들어갈 때 쯤 난 처참하게 쫓기고 있는 한 무리의 의병을 만날 수 있었다. 나이는 대략 10대 후반에서 20대 초반. 대한제국의 군복, 한복 등 군인이라고 믿기 힘든 초라한 복장, 제대로 작동되지 않을 듯한 구식 총기들.
>
> 당시 그들과의 만남은 큰 충격을 안겨주었다. 나는 의병들에게 패배가 확실한데 끝까지 싸우는 이유가 무엇인지 물어보았다. "우리는 대한제국의 군인입니다. 우리 군인들마저 싸우지 않으면 우리나라는 망하고 말 것입니다.", "일본을 이길 수 있다고 생각합니까?", "이기기 힘들다는 것을 잘 압니다. 하지만 노예로 사느니 차라리 싸우다 죽는 게 낫습니다." 나는 죽음을 목전에 둔 의병의 눈에서 그들의 불타는 애국심을 보았다. …(중략)…
>
> "나라를 지키지 못하는 민족은 노예일 수밖에 없습니다." 나는 왜 알지 못했을까? 그들에게 국가는 곧 그들 자신이라는 것을, 하물며 그들은 그들의 국가인 대한제국을 수호하던 군인이 아니었던가?

---

104) 자세한 내용은 신문기사 참조. (http://news.khan.co.kr/kh_news/khan_art_view.html?artid=201402251141271&code=910302#csidx45c4c0828b93164b257116b3766aa57 : 2017. 6. 1. 검색)

■ 생각할 문제들

(1) 군대 해산 후 대한제국의 군대는 의병으로 합류하여 독립운동을 펼쳤다. 그들은 어떤 생각과 마음으로 그 외로운 전쟁을 했을까?

- 군대 해산을 명령받은 당시로 돌아가 만약 내가 대한제국의 군인이라면 어떠한 선택을 할지 생각해 보라.
- 대한제국의 군인들이 해산되어 의병으로 합류했을 때 중요하게 작용한 그들의 가치관은 무엇이겠는가? 그렇게 생각한 이유는 무엇인가?
- 여러분이 만약 당시에 맥켄지의 질문을 받았다면 무엇이라 답변하겠는가? 그 이유는 무엇인가?

(2) 군대해산령에 분개, 권총으로 자결한 대한제국 시위대 제1대대장 박승환 참령의 심정을 헤아려보라. 그의 행동을 군인정신 측면에서 토의해 보라.

(3) 최고의 용병이라 일컫는 스위스 용병과 해산된 상태에서도 의병운동을 펼친 대한제국의 군대와 비교해보자.

- 스위스 용병에 대해서 간단히 조사해보고, 이들이 최고의 용병이라 일컬어지는 이유에서 그들이 추구하는 덕목을 간추려보자.
- 대한제국의 군대와 스위스 용병의 공통점과 차이점을 분석해보자. 그러한 차이점은 근본적으로 어디에서 기인하는가?

(4) 대한제국과 대한제국의 군대를 사례로 국가와 군의 상호연관성에 대해서 생각해보라.

■ 사례 3: 영화 300의 스파르타 전사들

2007년 개봉한 영화 '300'은 기원전 480년 페르시아 군과 그리스 연합군 사이에서 일어난 테르모필레 전투를 다룬 영화이다.

전쟁을 피하든 전쟁에 패하든 노예가 되고 죽음을 당하는 것이 당연지사이던 고대 시대, 스파르타의 왕 레오니다스는 페르시아의 협정에 굴복하지 않고 전쟁을 선택한다.

용맹한 300명의 스파르타의 군인들은 페르시아의 100만 대군을 상대로 내 가족, 내 조국을 지키겠다는 강한 신념과 결코 물러서지 않겠다는 불굴의 투지를 가지고 전장에 오른다. 이에 반해 대부분 노예로 구성된 페르시아의 군인들은 싸우고자 하는 의지가 부족하고 전투력도 떨어질 수밖에 없었다.

강한 전투력과 전우애로 무장한 스파르타 군인에게 적군의 수는 숫자에 불과하다. 그러나 스파르타 내부의 비밀첩자로 인해 비밀통로가 알려지게 되고 결국 스파르타의 군인들은 포위된다.

그들은 포위된 결전의 순간에서 마지막까지 항복하지 않고 항전하며 장렬한 최후를 맞는다. 비록 300명의 전사는 모두 전사하지만 이들의 희생은 이후 그리스 전 지역의 동맹과 항전의 의지를 불러일으키게 된다.

■ 생각할 문제들

(1) **스파르타 군인들에 대해서 생각해보자.**

- 스파르타 300 용사에게서 찾을 수 있는 군인으로서의 덕목은 무엇이며, 그 이유는 무엇인가?
- 페르시아 군에게서 부족한 군인의 덕목은 무엇이며, 그 이유는 무엇인가?
- 스파르타 군이 페르시아 군에 비해 우수한 덕목이 있다면 그것은 무엇인가? 이러한 차이는 무엇에 기인하는가?

- 스파르타에서는 군인의 가치관을 내면화하기 위해 어떠한 제도와 방안을 갖추고 있었는가?

(2) **스파르타의 300 용사들을 현대의 전문직업군인과 비교해보자.**

- 스파르타 300 용사들을 현대 전문직업군인과 비교했을 때 같은 점과 다른 점이 무엇인가?
- 고대 전사들에게 요구되었던 덕목과 현대 전문직업군인에게 요구되는 덕목을 비교해보라.
- 스파르타의 300 용사처럼 국민에게 사랑받는 군대가 되기 위해 이 시대에 우리가 무엇을 어떻게 해야 할지 생각해보자.

■ 사례 4: 제임스 밴 플리트 부자(父子)

오산 공군기지에는 제임스 밴 플리트 2세의 흉상이 있다. 밴 플리트 2세는 6.25전쟁 시 미8군사령관이었던 제임스 밴 플리트 육군 대장의 아들로, 아버지를 따라 6.25전쟁에 공군 대위로 참전, 전쟁에서 안타깝게 목숨을 잃는다. 그가 전투기 조종사로 출격 전 어머니께 쓴 편지가 회자되고 있는데 그 내용은 다음과 같다.

> "사랑하는 어머니, 어머니의 눈물이 이 편지를 적시지 않기를 바랍니다. 저는 최근 전투비행 훈련을 자원했습니다. 곧 B-26 폭격기를 조종할 것입니다. 저는 조종사라서 폭격수와 항법사, 기관총 사수 등과 함께 전투기를 타게 됩니다.
>
> 아버지는 모든 사람이 두려움 없이 살 수 있는 권리를 위해 지금 한국에서 싸우고 계십니다. 드디어 저도 미력하나마 아버지에게 힘을 보탤 시기가 온 것 같습니다.
>
> 어머니, 저를 위해 기도하지 마십시오. 위급한 상황에서 조국 수호를 위해 소집된 나의 승무원들을 위해 기도해 주세요. 그중에는 무사히 돌아오기만을 기다리는 아내가 있는 사람과 아직 가정을 이루지 못한 사람도 있습니다.
>
> 저는 최선을 다할 것입니다. 그것은 언제나 저의 의무니까요. 안녕을 빕니다."[105]

밴 플리트 장군은 1950년 10월 6.25전쟁 중 진해에서 4년제 한국 육사 창설의 공로자이기도 하다. 밴 플리트 장군이 100세로 별세하기 2개월 전(1992년) 한국의 육사생도에게 보낸 서신이 있는데, 이는 현재 육사에 있는 육군박물관에 소장되어 있다.

다음은 위의 서신 본문의 내용 중 일부이다.

> "인내심과 불굴의 의지를 갖고 있는 자유를 사랑하는 국민은 그들의 꿈을 실현시킬 수 있습니다. 자유란 소중한 것이지만 또한 소멸되기 쉬운 것이기도 합니다. 자유를 사랑하는 국민은 그들의 '자유'를 수호할 의지를 가져야 합니다. 그들은 군대가 필요하며 그 군대의 국민의 의사에 응해야 하고 그 군대의 전문성과 모범은 시민들로부터 높은 존경을 받을 수 있어야 합니다."

■ 생각할 문제들

(1) 제임스 밴 플리트 장군에 대해서 생각해보자.

- 6.25전쟁 시 한국에 도착 후 '승산이 없는 전쟁이니 동경으로 철수해야 한다'는 참모진의 말에 밴 플리트 장군은 "나는 승리하기 위해 이곳에 왔다. 나와 함께 하기 싫다면 당장 집으로 돌아가라."라고 말한 것으로 유명하다. 이에서 엿볼 수 있는 전시 지휘관의 주요 덕목은 무엇인가?
- 그는 전장에서 외아들을 잃고 아들의 사체수색작업마저 중단하라고 지시했다. 만약 당신이 밴 플리트 장군과 같은 처지라면, 실종된 아들의 수색작업을 지시할 것인가 말 것인가? 아버지의 입장에서, 지휘관의 입장에서 어떤 결정을 할 것인가?
- 밴 플리트 장군이 한국의 육사생도에게 보낸 서신에서 당부하는 가치덕목은 무엇인가?

---

105) 국방일보 "밴 플리트 중위의 마지막 편지" 2016. 7. 18. (http://kookbang.dema.mil.kr/kookbangWeb/m/view.do?ntt_writ_date=20160718&bbs_id=BBSMSTR_000000001128&parent_no=1 : 2017. 6. 1. 검색)

- 그의 일대기를 찾아보고 그가 군인의 표상으로서 우리에게 보여준 최고의 덕목은 무엇인지 생각해보라.

(2) **밴 플리트 공군 대위에 대해 생각해보자.**

- 그가 출전을 앞두고 어머니에게 보낸 서신을 볼 때 그는 왜 군에 자원입대하였는가? 그리고 당신의 임관 동기와 비교해보라.
- 6.25 전쟁에서 미국 장성들의 자녀는 142명이 출전하여 이 중 35명(25%)이 사상당하였다고 한다. 밴 플리트 2세도 35명 중에 한 명이다. 이처럼 미국 사회에서 고위층 인사 자제들의 자발적인 참전은 무엇을 의미하는지 그 배경과 교훈을 도출해보라.
- 밴 플리트 공군 대위의 사례를 보고 충성의 대상에 대해서 세부적으로 생각해보라.
- 임관(혹은 주요 훈련)을 앞두고 자신의 마지막 글이 될지 모르는 유서를 써보자. 그 유서에 자신의 신념과 각오가 잘 나타나 있는지 되짚어보자.

■ 사례 5: 드라마 「태양의 후예」의 군인들

다음은 KBS 인기 드라마 「태양의 후예」 속 군인들의 명대사이다.

명대사 ① 유시진 대위가 강모연에게

"한국에서 처음 만난 날 내 몸에 있던 총상 기억합니까? 특전사 소대장에서 첫 부임하던 날, 한 선배 그럽니다. '군인은 늘상 수의를 입고 산다. 이름 모를 전장에서 죽어갈 때 그 자리가 무덤이 되고 군복은 수의가 된다. 군복은 그만한 각오로 입어야 한다. 그만한 각오로 군복을 입었으면 매 순간 명예로워라. 안 그럴 이유가 없다.' 난 그 선배에게 목숨을 빚졌습니다. 그 총상 … 그때 입은 총상입니다. 크든 작든 내가 하는 모든 결정엔 전우들의 명예와 영광과 사명감이 포함된다는 말입니다. 그 때도 마찬가지였습니다. 나는 그 모든 것을 포함한 결정을 한 거고 결정에 후회 없습니다. 하지만 그렇다고 해서 군법을 어긴 사실이 무마될 수 없습니다."

명대사 ② 서대영 상사가 유시진 대위에게

"오늘. 저의 직속상관이 내린 모든 명령은 옳았습니다. 그리고 오늘 저의 직속상관이 내린 모든 명령은 명예로웠습니다. 중대장님!"

명대사 ③ 유길준 특전사령관이 정치인에게

"당신들에게 국가안보란 밀실에서 하는 정치고, 카메라 앞에서 떠드는 외교인지는 몰라도 내 부하들에겐 청춘 다 바쳐 지키는 조국이고, 목숨 다 바쳐 수행하는 임무고, 명령이야! 작전 간에 사망하거나 포로 되었을 때 이름도 명예도 찾아주지 않는 조국의 부름에 영광되게 응하는 이유는 대한민국 국민의 생명이 곧 국가 안보라는 믿음 때문이고."

명대사 ④ 서대영 상사가 특전사령관에게

"어딘지도 모를 지하에 갇혀서 살이 찢기고 뼈가 부러지는데도 군인이 된 게 후회되지 않았습니다. 조국은 저 같은 군인을 잃어서는 안 된다고 생각합니다. 군복은 벗어야 할 날에 명예롭게 벗고 싶습니다."

■ 생각할 문제들

(1) **명대사 ①에서 '군인은 수의를 입고 산다'는 말은 군인의 어떠한 자세를 강조한 말인가? 수의를 입고 사는 군인으로서 군복은 어떠한 각오로 입어야 하는 것일까?**

- 명대사 ①에서 말하는 명예는 내적 명예인가? 외적 명예인가? 그 이유는 무엇인가?
- 개인적 신념과 집단의 가치가 충돌할 때 어떻게 해야 할까?
  ※ 소신을 갖고 행동하는 것이 독선에 빠질 위험에 대해 생각해 보라. 반대로 집단의 압력에 굴복하여 옳다고 생각하는 행위를 회피하는 경우에 대해 생각해 보라.
- 군인의 내적 명예와 외적 명예를 고양시켜주는 것은 무엇이 있는지 생각해보라.
- 명대사를 통해 진정한 책임에 대해서 생각해보라.

⑵ 명대사 ②에서 다음을 생각해보라.

- 명대사 ②를 보면 부하가 얼마나 자신의 상관을 존경하고 신뢰하는지 알 수 있다. 이처럼 복종을 넘어 부하가 진심으로 상관을 존경하고 충성할 수 있도록 만드는 상관은 어떤 상관일까? 성실성의 측면에서 분석해보라.
- 상관이 내린 정당한 명령에 대해서 부하들은 옳고 그름을 따지지 않고 따르지만, 상관이 유념해야 할 것은 부하들은 항상 상관의 명령으로부터 상관이 어떤 사람인지를 판단한다는 것이다. 상관으로서 갖추어야 할 덕목 중 명령을 내릴 때 특히 숙고되어야 할 것에는 무엇이 있는가?
- 상관과 부하 간, 혹은 동료 간 상호 존중이 병영 생활과 임무 완수에 어떠한 영향을 미치는지 생각해보라.

⑶ 명대사 ③에서 다음을 생각해보라.

- 국가나 국민이 알아주지 않더라도 군인이 자신의 임무에 최선을 다해야 하는 이유는 무엇인가? 이는 어떠한 도덕적 의무와 맞닿아 있는가?
- 군인이 군복무를 하면서 진정 명예롭게 생각해야 할 것은 무엇인가? 군인으로서 가질 수 있는 최상의 명예는 무엇인가?
- 지휘자(관)로서 생사의 현장에서 고생하는 부하들을 위하는 마음을 표현하여 글을 써 보라.

⑷ 명대사 ④에서처럼 군인으로서의 삶이 결코 평탄치 않다. 그럼에도 불구하고 군인이 되고자, 혹은 군인으로 계속 복무하고자 하는 이유는 무엇일까?

- 2000년 1사단 수색대대장 시절 지뢰폭발로 양발을 잃은 이종명 예비역 대령과 2015년 북한이 매설한 목함지뢰로 부상을 당한 김정원, 하재헌 하사의 사례를 찾아보고 이에 비추어 생각해보라.

• 부록 •

1. 군인의 지위 및 복무에 관한 기본법/시행령/시행규칙
2. 전쟁법 준수를 위한 훈련

부록1

군인의 지위 및 복무에 관한 기본법/시행령/시행규칙

군대윤리와 군인기본법의 상관관계

기본법의 조항들 중 군대윤리의 내용과 관련 있다고 여겨지는 부분들을 아래와 같이 도표화하여 정리하였다. 도표에 소개된 기본법의 조항들이 해당 군대윤리 내용들과 반드시 1:1로 대응하는 것은 아니며, 군대윤리 각 장의 내용을 학습할 때 관련 조항들을 편리하게 참고할 수 있도록 하기 위함이다.

군대윤리 내용	관련 조항
1부 및 2부 1-2장 **군대윤리의 의의** **군은 왜 존재하는가** · 군의 존재 이유와 목적 · 국가와 국민 보호 · 인권 : 인간 존엄성 문제 · 민주적 가치 수호 문제	· 제1조 목적 · 제5조(국군의 강령) · 시행령 제2조(기본정신) · 제10조(군인의 기본권과 제한) · 제11조(평등대우의 원칙) · 시행령 제17조(입영 및 임관 선서) · 시행령 제18조(복무태도 등) · 제33조(정치 운동의 금지) · 제35조(군인 상호간의 관계) · 제36조(상관의 책무) · 제37조(다문화 존중)

군대윤리 내용	관련 조항
전쟁윤리	· 제34조(전쟁법 준수의 의무) · 시행령 제22조(전쟁법 교육)
군 직업윤리 · 군 직업의 사회적 존재 이유 · 전문직업의 단체성 · 상명하복의 조직 · 전문성을 연마할 책임	· 제4조(국가의 책무) · 제5조(국군의 강령) · 시행령 제2조(기본정신) 제4항 교육훈련 · 시행령 제2조(기본정신) 제3항 단결 · 제24조(명령 발령자의 의무) · 제25조(명령 복종의 의무) · 제26조(사적 제재 및 직권 남용의 금지) · 제36조(상관의 책무) · 제39조(의견의 건의)
리더윤리	· 제20조(충성의 의무) · 제21조(성실의 의무) · 제22조(정직의 의무) · 제23조(청렴의 의무)

「군인의 지위 및 복무에 관한 기본법」

제1장 총칙

· **제1조(목적)** 이 법은 국가방위와 국민의 보호를 사명으로 하는 군인의 기본권을 보장하고, 군인의 의무 및 병영생활에 대한 기본사항을 정함으로써 선진 정예 강군 육성에 이바지하는 것을 목적으로 한다.

· **제2조(정의)** 이 법에서 사용하는 용어의 뜻은 다음과 같다.

1. "군인"이란 현역에 복무하는 장교 · 준사관 · 부사관 및 병(兵)을 말한다.
2. "지휘관"이란 중대급 이상의 단위부대의 장, 함선부대의 장 또는 함정, 항공기를 지휘하는 자를 말한다.
3. "상관"이란 명령복종관계에 있는 사람 사이에서 명령권을 가진 사람으로서 국군통수권자부터 당사자의 바로 위 상급자까지를 말한다.
4. "명령"이란 상관이 직무상 내리는 지시를 말한다.
5. "병영생활"이란 내무생활, 근무, 교육훈련, 그 밖의 병영을 중심으로 이루어지는 모든 활동을 말한다.
6. "내무생활"이란 영내 거주의무가 있는 군인의 생활관을 중심으로 이루어지는 일상활동을 말한다.

· **제3조(적용범위)** 이 법은 군인에게 적용하되, 다음 각 호의 사람에게는 군인에 준하여 이 법을 적용한다.

1. 사관생도 · 사관후보생 · 준사관후보생 및 부사관후보생
2. 소집되어 군에 복무하는 예비역 및 보충역
3. 군무원

· **제4조(국가의 책무)** ① 국가는 군인의 기본권을 보장하기 위하여 필요한 제도를 마련하여야 하며 이를 위한 시책을 적극적으로 추진하여야 한다.
② 국가는 군인이 임무를 충실히 수행하고 군 복무에 대한 자긍심을 높일 수 있도록 복무여건을 개선하고 군인의 삶의 질 향상을 위하여 노력하여야 한다.

· **제5조(국군의 강령)** ① 국군은 국민의 군대로서 국가를 방위하고 자유 민주주의를 수호하며 조국의 통일에 이바지함을 그 이념으로 한다.
② 국군은 대한민국의 자유와 독립을 보전하고 국토를 방위하며 국민의 생명과 재산을 보호하고 나아가 국제평화의 유지에 이바지함을 그 사명으로 한다.
③ 군인은 명예를 존중하고 투철한 충성심, 진정한 용기, 필승의 신념, 임전무퇴의 기상과 죽음을 무릅쓰고 책임을 완수하는 숭고한 애국애족의 정신을 굳게 지녀야 한다.

· **제6조(다른 법률과의 관계)** 군인의 복무에 관한 다른 법률을 제정 또는 개정하는 경우에는 이 법의 목적과 기본이념에 맞도록 하여야 한다.

제2장 군인복무기본정책 등

· **제7조(군인복무기본정책)** ① 국방부장관은 군인복무기본정책(이하 "기본정책"이라 한다)을 5년마다 수립하여야 한다.
② 기본정책에는 다음 각 호의 사항이 포함되어야 한다.

1. 기본목표
2. 연도별 · 과제별 추진계획
3. 재원(財源) 확보에 관한 사항
4. 그 밖에 군인의 복무에 관하여 중요한 사항

③ 기본정책은 제8조에 따른 군인복무정책심의위원회의 심의를 거쳐 확정한다.

④ 국방부장관은 기본정책에 따라 그 시행계획을 수립하고 시행하여야 한다.

⑤ 기본정책과 제4항에 따른 시행계획의 수립에 필요한 사항은 대통령령으로 정한다.

· **제8조(군인복무정책심의위원회의 설치)** 다음 각 호의 사항을 심의하기 위하여 국방부장관 소속으로 군인복무정책심의위원회(이하 "위원회"라 한다)를 둔다.

1. 군인의 기본권 보장에 관한 사항
2. 군인의 의무에 관한 사항
3. 기본정책의 수립에 관한 사항
4. 군인복무와 관련한 법령과 제도의 개선에 관한 사항
5. 그 밖에 군인복무와 관련하여 위원장이 심의에 부치는 사항

· **제9조(위원회의 구성 등)** ① 위원회는 위원장 1명을 포함한 12명 이내의 위원으로 구성한다.

② 위원장은 국방부장관으로 하고, 위원은 다음 각 호의 사람으로 한다.

1. 합참의장, 각 군 참모총장 및 해병대 사령관
2. 국회 소관 상임위원회에서 추천하는 사람 중에서 국방부장관이 위촉하는 사람 3명
3. 군인의 기본권 보장 등에 관하여 전문적 학식과 경험이 풍부한 사람 중에서 국방부장관이 위촉하는 사람 3명

③ 제2항제2호 및 제3호에 따라 위촉된 위원의 임기는 2년으로 하고, 한 차례만 연임할 수 있다.

④ 그 밖에 위원회의 운영에 필요한 사항은 대통령령으로 정한다.

제3장 군인의 기본권

· **제10조(군인의 기본권과 제한)** ① 군인은 대한민국 국민으로서 일반 국민과 동일하게 헌법상 보장된 권리를 가진다.

② 제1항에 따른 권리는 법률에서 정한 군인의 의무에 따라 군사적 직무의 필요성 범위에서 제한될 수 있다.

· **제11조(평등대우의 원칙)** 군인은 이 법의 적용에 있어 평등하게 대우받아야 하며 차별을 받지 아니한다.

· **제12조(영내대기의 금지)** ① 지휘관은 영내 거주 의무가 없는 군인을 근무시간 외에 영내에 대기하도록 하여서는 아니 된다. 다만, 다음 각 호의 어느 하나에 해당하는 경우에는 그러하지 아니하다.

1. 전시 · 사변 또는 이에 준하는 국가비상사태가 발생한 경우
2. 침투 및 국지도발(局地挑發) 상황 등 작전상황이 발생한 경우
3. 경계태세의 강화가 필요한 경우
4. 천재지변이나 그 밖의 재난이 발생한 경우
5. 소속 부대의 교육훈련 · 평가 · 검열이 실시 중인 경우

② 제1항 단서에 따라 영내대기를 시킬 수 있는 세부기준 등 필요한 사항은 대통령령으로 정한다.

· **제13조(사생활의 비밀과 자유)** 국가는 병영생활에서 군인의 사생활의 비밀과 자유가 최대한 보장되도록 하여야 한다.

· **제14조(통신의 비밀보장)** ① 군인은 서신 및 통신의 비밀을 침해받지 아니한다.

② 군인은 작전 등 주요임무수행과 관련된 부대편성 · 이동 · 배치와 주요 직위자에 관한 사항 등 군사보안에 저촉되는 사항을 통신수단 및 우편물 등을 이용하여 누설하여서는 아니 된다.

· **제15조(종교생활의 보장)** ① 지휘관은 부대의 임무 수행에 지장이 없는 범위에서 군인의 종교생활을 보장하여야 한다.

② 영내 거주 의무가 있는 군인은 지휘관이 지정하는 종교시설 및 그 밖의 장소(이하 "종교시설등"이라 한다)에서 행하는 종교의식에 참여할 수 있으며, 종교시설등 외에서 행하는 종교의식에 참여하고자 할 때에는 지휘관의 허가를 받아야 한다.

· **제16조(대외발표 및 활동)** 군인이 국방 및 군사에 관한 사항을 군 외부에 발표하거나, 군을 대표하여 또는 군인의 신분으로 대외활동을 하고자 할 때에는 국방부장관의 허가를 받아야 한다. 다만, 순수한 학술 · 문화 · 체육 등의 분야에서 개인적으로 대외활동을 하는 경우로서 직무수행에 지장이 없는 경우에는 그러하지 아니하다.

· **제17조(의료권의 보장)** 군인은 건강을 유지하고 복무 중에 발생한 질병이나 부상을 치료하기 위하여 적절하고 효과적인 의료처우를 받을 권리가 있다.

· **제18조(휴가 등의 보장)** ① 군인은 대통령령으로 정하는 바에 따라 휴가 · 외출 · 외박을 보장받는다.

② 지휘관은 다음 각 호의 어느 하나에 해당하는 경우에는 군인의 휴가 · 외출 · 외박을 제한하거나 보류할 수 있다.

1. 전시 · 사변 또는 이에 준하는 국가비상사태가 발생한 경우

2. 침투 및 국지도발 상황 등 작전상황이 발생한 경우
3. 천재지변이나 그 밖의 재난이 발생한 경우
4. 소속부대의 교육훈련 · 평가 · 검열이 실시 중이거나 실시되기 직전인 경우
5. 형사피의자 · 피고인 또는 징계심의대상자인 경우
6. 환자로서 휴가를 받기에 적절하지 아니한 경우
7. 전투준비 등 부대임무수행을 위해 부대병력유지가 필요한 경우

제4장 군인의 의무 등

· **제19조(선서)** 군인은 입영하거나 임관할 때에는 대통령령으로 정하는 바에 따라 선서하여야 한다.

· **제20조(충성의 의무)** 군인은 국군의 사명인 국가의 안전보장과 국토방위의 의무를 수행하고, 국민의 생명 · 신체 및 재산을 보호하여 국가와 국민에게 충성을 다하여야 한다.

· **제21조(성실의 의무)** 군인은 직무 수행에 따르는 위험과 책임을 회피하지 아니하고 성실하게 그 직무를 수행하여야 한다.

· **제22조(정직의 의무)** 군인은 명령의 하달이나 전달, 보고 및 통보를 할 때에 정직하여야 한다.

· **제23조(청렴의 의무)** ① 군인은 직무와 관련하여 직접 또는 간접을 불문하고 사례 · 증여 또는 향응을 주거나 받아서는 아니 된다.

② 군인은 직무상의 관계 여하를 불문하고 그 소속 상관에게 증여하거나 소속 부하로부터 증여를 받아서는 아니 된다.

· **제24조(명령 발령자의 의무)** ① 군인은 직무와 관계가 없거나 법규 및 상관의 직무상 명령에 반하는 사항 또는 자신의 권한 밖의 사항에 관하여 명령을 발하여서는 아니 된다.

② 명령은 지휘계통에 따라 하달하여야 한다. 다만, 부득이한 경우에는 지휘계통에 따르지 아니하고 하달할 수 있고, 이 경우 명령자와 수명자는 이를 지체 없이 지휘계통의 중간지휘관에게 알려야 한다.

③ 명령의 하달은 신속 · 정확하게 이루어져야 한다.

④ 군인은 자신이 내린 명령의 이행 결과에 대하여 책임을 진다.

· **제25조(명령 복종의 의무)** 군인은 직무를 수행할 때 상관의 직무상 명령에 복종하여야 한다.

· **제26조(사적 제재 및 직권남용의 금지)** 군인은 어떠한 경우에도 구타, 폭언, 가혹행위 및 집단 따돌림 등 사적 제재를 하거나 직권을 남용하여서는 아니 된다.

· **제27조(군기문란 행위 등의 금지)** ① 군인은 다음 각 호의 행위를 하여서는 아니 된다.

1. 성희롱 · 성추행 및 성폭력 등의 행위
2. 상급자 · 하급자나 동료를 음해(陰害)하거나 유언비어를 유포하는 행위
3. 의견 건의 또는 고충처리 등을 고의로 방해하거나 부당한 영향을 주는 행위
4. 그 밖에 군기를 문란하게 하는 행위

② 제1항에 따른 금지행위에 관한 세부기준은 국방부령으로 정한다.

· **제28조(비밀 엄수의 의무)** ① 군인은 복무 중일 때뿐만 아니라 전역 후에도 복무 중 알게 된 비밀을 엄격히 지켜야 한다.

② 군인은 직무상 알게 된 비밀을 공무 외의 목적으로 사용하여서는 아니

된다.

· **제29조(직무이탈 금지)** 군인은 상관의 허가 또는 정당한 사유 없이 직무를 이탈하여서는 아니 된다.

· **제30조(영리행위 및 겸직 금지)** ① 군인은 군무(軍務) 외에 영리를 목적으로 하는 업무에 종사하지 못하며 국방부장관의 허가를 받지 아니하고는 다른 직무를 겸할 수 없다.

② 제1항에 따른 영리를 목적으로 하는 업무의 범위 등에 관한 사항은 대통령령으로 정한다.

· **제31조(집단행위의 금지)** ① 군인은 다음 각 호에 해당하는 집단행위를 하여서는 아니 된다.

1. 노동단체의 결성, 단체교섭 및 단체행동
2. 군무에 영향을 주기 위한 목적의 결사 및 단체행동
3. 집단으로 상관에게 항의하는 행위
4. 집단으로 정당한 지시를 거부하거나 위반하는 행위
5. 군무와 관련된 고충사항을 집단으로 진정 또는 서명하는 행위

② 군인은 사회단체에 가입하고자 하는 경우에는 국방부장관의 허가를 받아야 한다. 다만, 순수한 학술 · 문화 · 체육 · 친목 · 종교 활동을 목적으로 하는 단체 등 대통령령으로 정하는 단체의 경우에는 그러하지 아니하다.

③ 국방부장관은 제2항 단서에 따른 단체의 목적이나 활동이 군인의 의무에 위반되거나 직무 수행에 지장을 준다고 인정하는 경우에는 그 단체의 가입을 제한하거나 탈퇴를 명할 수 있다.

· **제32조(불온표현물 소지 · 전파 등의 금지)** 군인은 불온 유인물 · 도서 · 도화, 그 밖의 표현물을 제작 · 복사 · 소지 · 운반 · 전파 또는 취득하여서는 아니 되며, 이를 취득한 때에는 즉시 상관 또는 수사기관 등에 신고하여

야 한다.

· **제33조(정치 운동의 금지)** ① 군인은 정당이나 그 밖의 정치단체의 결성에 관여하거나 이에 가입할 수 없다.

② 군인은 선거에서 특정 정당 또는 특정인을 지지 또는 반대하기 위한 다음 각 호의 행위를 하여서는 아니 된다.

1. 투표를 하거나 하지 아니하도록 권유 운동을 하는 것
2. 서명 운동을 기도·주재하거나 권유하는 것
3. 문서나 도서를 공공시설 등에 게시하거나 게시하게 하는 것
4. 기부금을 모집 또는 모집하게 하거나, 공공자금을 이용 또는 이용하게 하는 것
5. 타인에게 정당이나 그 밖의 정치단체에 가입하게 하거나 가입하지 아니하도록 권유 운동을 하는 것

③ 군인은 다른 군인에게 제1항과 제2항에 위배되는 행위를 하도록 요구하거나, 정치적 행위에 대한 보상 또는 보복으로서 이익 또는 불이익을 약속하여서는 아니 된다.

· **제34조(전쟁법 준수의 의무)** ① 군인은 무력충돌 행위에 관련된 모든 국제법 중에서 대한민국이 당사자로서 가입한 조약과 일반적으로 승인된 국제법규(이하 "전쟁법"이라 한다)를 준수하여야 한다.

② 군인은 전쟁법을 숙지하여야 하며, 국방부장관은 대통령령으로 정하는 바에 따라 군인에게 전쟁법에 대한 교육을 실시하여야 한다.

제5장 병영생활

· **제35조(군인 상호간의 관계)** ① 군인은 동료의 인격과 명예, 권리를 존중하며, 전우애에 기초하여 동료를 곤경과 위험으로부터 보호하여야 한다.

② 군인은 동료의 가치관을 존중하고 배려하여야 한다.

③ 병 상호간에는 직무에 관한 권한이 부여된 경우 이외에는 명령, 지시 등을 하여서는 아니 된다.

· **제36조(상관의 책무)** ① 상관은 직무수행 시는 물론 직무 외에서도 부하에게 모범을 보여야 한다.

② 상관은 직무에 관하여 부하를 지휘 · 감독하여야 한다.

③ 상관은 부하의 인격을 존중하고 배려하여야 한다.

④ 상관은 직무와 관계가 없거나 법규 및 상관의 직무상 명령에 반하는 사항 또는 자신의 권한 밖의 사항 등을 명령하여서는 아니 된다.

· **제37조(다문화 존중)** ① 군인은 다문화적 가치를 존중하여야 한다.

② 국방부장관은 군인에게 다문화적 가치의 존중과 이해를 위한 교육을 실시하여야 한다.

· **제38조(기본권교육 등)** ① 국방부장관은 「대한민국헌법」과 이 법에서 보장하고 있는 군인의 기본권과 의무 및 기본권 침해시 구제절차 등에 관한 교육(이하 "기본권교육"이라 한다)을 대통령령으로 정하는 바에 따라 주기적으로 실시하여야 한다.

② 다음 각 호의 어느 하나에 해당하는 사람은 대통령령으로 정하는 바에 따라 기본권교육을 필수적으로 이수하여야 한다.

1. 대대급 이상의 부대 또는 대대급 이상의 부대에 상응하는 조직의 지휘관 또는 책임자로 임명이 예정된 사람
2. 이 법 제3조제1호에 따른 사람

제6장 군인의 권리구제

· **제39조(의견 건의)** ① 군인은 군과 관련된 제도의 개선 등 군에 유익한 의견이나 복무와 관련된 정당한 의견이 있는 경우에는 지휘계통에 따라 단독으로 상관에게 건의할 수 있다.

② 군인은 제1항에 따른 의견 건의를 이유로 불이익한 처분이나 대우를 받지 아니한다.

③ 제1항에 따른 건의를 접수한 상관은 그 내용을 검토한 후 검토 결과를 14일 이내에 건의한 당사자에게 서면이나 구술 등의 방법으로 통보하여야 한다.

· **제40조(고충 처리)** ① 군인은 근무여건 · 인사관리 및 신상문제 등에 관하여 군인고충심사위원회에 고충의 심사를 청구할 수 있다.

② 군인은 제1항에 따른 고충심사 청구를 이유로 불이익한 처분이나 대우를 받지 아니한다.

③ 제1항에 따라 청구된 고충을 심사하기 위하여 국방부, 각 군 본부 및 장성급(將星級) 장교가 지휘하는 부대에 군인고충심사위원회를 둔다. 〈개정 2017.3.21.〉

④ 청구인은 심사 결과에 이의가 있는 경우에는 다음 각 호에 따른 위원회에 재심(再審)을 청구할 수 있다. 〈개정 2017.3.21.〉

1. 장교 · 준사관 · 부사관: 「군인사법」 제51조에 따른 중앙 군인사소청심사위원회
2. 병: 차상급 장성급 장교 지휘 부대에 설치된 군인고충심사위원회

⑤ 군인고충심사위원회의 구성 · 운영과 심사절차에 필요한 사항은 대통령령으로 정한다.

· **제41조(전문상담관)** ① 군인이 다음 각 호의 사항으로 군 생활의 고충이나

어려움을 호소하는 경우에 이에 대한 상담 등을 하기 위하여 대통령령으로 정하는 규모 이상의 부대 또는 기관에 병영생활 전문상담관을 둔다.

1. 군 생활에 따른 부적응에 관한 사항
2. 가족관계 및 개인 신상에 관한 사항
3. 구타, 폭언, 가혹행위 및 집단 따돌림 등 군 내 기본권 침해에 관한 사항
4. 질병 · 질환 및 건강 악화 등 신체에 관한 사항
5. 장기복무 군인가족의 자녀교육 및 현지생활 부적응 등 사회복지에 관한 사항
6. 그 밖에 군 생활로 인하여 발생하는 고충이나 어려움에 관한 사항

② 성희롱, 성폭력, 성차별 등 성(性)관련 고충 상담을 전담하기 위하여 대통령령으로 정하는 규모 이상의 부대 또는 기관에 성(性)고충 전문상담관을 둔다.

③ 제1항에 따른 병영생활 전문상담관과 제2항에 따른 성고충 전문상담관(이하 "전문상담관"이라 한다)은 군 생활 또는 개인 신상문제 등으로 인한 어려움을 겪고 있는 군인에 대하여 상담을 실시하고, 전문상담관이 배치되어 있는 부대 또는 기관의 장에게 필요한 조치를 요청할 수 있다.

④ 전문상담관은 다음 각 호의 어느 하나에 해당하는 사람 중에서 국방부장관이 임명한다.

1. 대통령령으로 정하는 심리상담 또는 사회복지분야 관련 자격증을 소지하고 일정 기간 이상의 상담경험이 있는 사람
2. 대통령령으로 정하는 자격을 갖추고 일정 기간 이상의 군 복무 경력이 있는 사람

⑤ 전문상담관의 구체적 자격기준, 채용절차, 신분, 업무 및 그 운영 등에 관한 사항은 대통령령으로 정한다.

· **제42조(군인권보호관)** ① 군인의 기본권 보장 및 기본권 침해에 대한 권리구제를 위하여 군인권보호관을 두도록 한다.

② 제1항에 따른 군인권보호관의 조직과 업무 및 운영 등에 관하여는 따로

법률로 정한다.

· **제43조(신고의무 등)** ① 군인은 병영생활에서 다른 군인이 구타, 폭언, 가혹행위 및 집단 따돌림 등 사적 제재를 하거나, 성추행 및 성폭력 행위를 한 사실을 알게 된 경우에는 즉시 상관에게 보고하거나 제42조제1항에 따른 군인권보호관 또는 군 수사기관 등에 신고하여야 한다.

② 군인은 제1항과 관련된 사항에 대하여 별도로 「국가인권위원회법」, 「부패방지 및 국민권익위원회의 설치와 운영에 관한 법률」 또는 그 밖에 다른 법령에서 정하는 방법에 따라 국가인권위원회 등에 진정을 할 수 있다.

· **제44조(신고자에 대한 비밀보장)** 누구든지 제43조에 따른 보고, 신고 또는 진정 등(이하 "신고등"이라 한다)을 한 사람(이하 "신고자"라 한다)이라는 사정을 알면서 그의 인적사항이나 그가 신고자임을 미루어 알 수 있는 사실을 다른 사람에게 알려주거나 공개 또는 보도하여서는 아니 된다. 다만, 신고자가 동의한 때에는 그러하지 아니하다.

· **제45조(신고자 보호)** ① 누구든지 신고등을 이유로 신고자에게 징계조치 등 어떠한 신분상 불이익이나 근무조건상의 차별대우(이하 "불이익조치"라 한다)를 하여서는 아니 된다.

② 국방부장관은 신고자와 신고등의 내용에 대한 비밀을 보장하고 신고자가 신고등을 이유로 불이익조치를 받지 않도록 하여야 한다.

③ 국방부장관은 신고자가 신고등을 이유로 불이익조치를 받은 경우에는 원상회복 또는 시정을 위하여 필요한 조치를 취하여야 한다.

제7장 특별근무 등

· **제46조(특별근무)** ① 부대의 인원과 재산을 보호하고 규율과 보안을 유지하며 각종 사고를 예방하고 비상사태에 대비하기 위하여 부대별로 당직근무 · 영내위병근무 등 특별근무를 실시한다.

② 특별근무는 계급과 직책에 따라 공정하게 배정하여야 한다.

③ 특별근무의 구분 및 실시 등에 필요한 사항은 대통령령으로 정한다.

· **제47조(비상소집 등)** ① 군인은 대통령령으로 정하는 비상소집이 발령된 때에는 지체 없이 소속 부대에 집결하여야 한다.

② 장성급 지휘관은 전시 · 사변 또는 이에 준하는 국가비상사태에 신속히 대응하기 위하여 필요한 경우에는 대통령령으로 정하는 바에 따라 소속 부대원의 휴가 · 외박 · 외출 등에 있어 이동지역을 제한할 수 있다. 〈개정 2017.3.21.〉

· **제48조(초병의 무기사용 등)** ① 초병은 다음 각 호의 어느 하나에 해당하는 경우에 한정하여 필요한 최소한의 범위에서 휴대하고 있는 무기(초병이 임무수행을 위해 휴대한 소총, 도검 등 모든 장비를 말한다. 이하 같다)를 사용할 수 있다.

1. 책임구역 내 인원의 생명 · 신체 또는 재산을 보호함에 있어서 그 상황이 급박하여 무기를 사용하지 아니하면 보호할 방법이 없을 때
2. 국방부장관이 정하는 방법에 따라 수하(誰何)하여도 이에 불응하여 대답이 없거나, 도주하거나 또는 초병에게 접근할 때
3. 초병이 폭행을 당하거나 또는 당할 우려가 있는 경우 그 상황이 급박하여 자위상 부득이할 때

② 초병은 지휘계통상의 상관의 명령이나 지시 없이 휴대하고 있는 무기나 탄약을 타인에게 넘겨주어서는 아니 된다.

제8장 보칙 및 벌칙

· **제49조(권한의 위임)** 이 법에 따른 국방부장관의 권한은 대통령령으로 정하는 바에 따라 그 일부를 각 군 참모총장에게 위임할 수 있다.

· **제50조(복무규정)** 군인의 복무에 관하여 이 법에 규정한 것을 제외하고는 따로 대통령령으로 정한다.

· **제51조(벌칙 적용에서 공무원 의제)** 위원회 위원 중 공무원이 아닌 사람은 「형법」 제129조부터 제132조까지를 적용할 때에는 공무원으로 본다.

· **제52조(벌칙)** ① 제44조를 위반하여 신고자의 인적사항이나 신고자임을 미루어 알 수 있는 사실을 다른 사람에게 알려주거나 공개 또는 보도한 자는 3년 이하의 징역 또는 3천만원 이하의 벌금에 처한다.

② 제39조제2항 또는 제40조제2항을 위반하여 의견 건의 또는 고충심사 청구를 이유로 불이익한 처분이나 대우를 한 자는 1년 이하의 징역 또는 1천만원 이하의 벌금에 처한다.

「군인의 지위 및 복무에 관한 기본법 시행령」

제1장 총칙

· **제1조(목적)** 이 영은 「군인의 지위 및 복무에 관한 기본법」에서 위임된 사항과 그 시행에 필요한 사항을 규정함을 목적으로 한다.

· **제2조(기본정신)** 군인의 기본정신은 다음 각 호와 같다.

1. 군기(軍紀)

   군기는 군대의 기율(紀律)이며 생명과 같다. 군기를 세우는 목적은 지휘체계를 확립하고 질서를 유지하며 일정한 방침에 일률적으로 따르게 하여 전투력을 보존·발휘하는 데 있다. 그러므로 군대는 항상 엄정한 군기를 세워야 한다. 군기를 세우는 으뜸은 법규와 명령에 대한 자발적인 준수와 복종이다. 따라서 군인은 정성을 다하여 상관에게 복종하고 법규와 명령을 지키는 습성을 길러야 한다.

2. 사기

   군대의 강약은 사기에 좌우된다. 사기는 군 복무에 대한 군인의 정신적 자세이며, 사기왕성한 군인은 스스로 어려움에 임하고 즐거이 그 직책을 수행할 수 있다. 그러므로 군인은 자기 직책에 대한 이해와 자신을 가져야 하며, 굳센 정신력과 튼튼한 체력을 길러 죽음에 임하여서도 맡은 바 임무를 완수하겠다는 왕성한 사기를 간직하여야 한다.

3. 단결

전쟁의 승리는 오직 단결된 힘에 의하여 얻을 수 있다. 단결의 요체는 전원이 한 마음 한 뜻으로 뭉쳐 준법정신, 희생정신, 공사(公私)의 명확한 구분과 상호이해를 바탕으로 공동의 목표를 달성하기 위하여 모든 역량을 통합 · 집중하는 데 있다. 그러므로 모든 부대는 군기가 상징하는 부대의 전통과 명예를 위하여 지휘관을 중심으로 굳게 단결하여야 한다.

4. 교육훈련

교육훈련은 전투력 배양의 필수요소로서 그 목적은 적과 싸워 이길 수 있는 개인 및 부대를 육성하는 데 있다. 그러므로 군인은 투철한 국가관과 확고한 사상무장을 바탕으로 군인정신을 기르고, 직무수행에 필요한 지식과 기술을 익히며 필승의 전기전술(戰技戰術)을 연마하고 강인한 체력을 단련하며, 부대훈련에 힘써야 한다.

제2장 군인복무기본정책 등

· **제3조(군인복무기본정책의 수립)** ① 국방부장관은 「군인의 지위 및 복무에 관한 기본법」(이하 "법"이라 한다) 제7조제1항에 따른 군인복무기본정책(이하 "기본정책"이라 한다)을 국가정책, 안보환경 · 국방정책, 복무제도 · 복무환경 등을 고려하여 기본정책 시행 전년도 12월 31일까지 수립하여야 한다.

② 국방부장관은 기본정책의 추진상황을 점검하여야 한다.

③ 국방부장관은 기본정책의 추진실적을 분석 · 평가하여 그 결과를 기본정책에 반영하여 변경하려는 경우에는 법 제8조에 따른 군인복무정책심의위원회(이하 "위원회"라 한다)의 심의를 거쳐야 한다.

· **제4조(군인복무기본정책 시행계획)** ① 국방부장관은 법 제7조제4항에 따른 기본정책 시행계획(이하 "시행계획"이라 한다)을 군 구조 · 병력전망,

병역 · 복무제도 및 병영문화 개선추진 상황 등을 고려하여 매년 12월 31일까지 수립하여야 한다.

② 시행계획에는 다음 각 호의 사항이 포함되어야 한다.

1. 추진 목표
2. 중점 추진 방향
3. 세부 추진과제
4. 추진과제별 소요재원
5. 추진 일정
6. 과제별 추진 주관부서 및 관련부서
7. 그 밖에 시행계획의 추진에 필요한 사항

③ 국방부장관은 시행계획의 추진실적을 분석 · 평가하여 그 결과를 기본정책 및 시행계획에 반영하여야 한다.

④ 시행계획에 필요한 세부적인 사항은 국방부장관이 정한다.

· **제5조(군인복무정책심의위원회의 운영)** ① 위원회의 위원장(이하 이 조 및 제7조에서 "위원장"이라 한다)은 위원회를 대표하고, 위원회의 업무를 총괄한다.

② 위원장이 부득이한 사유로 직무를 수행할 수 없을 때에는 위원장이 미리 지명한 위원이 그 직무를 대행한다.

③ 위원장은 위원회의 회의를 소집하고 그 의장이 된다.

④ 위원장은 위원회를 소집하려면 회의의 일시 · 장소 및 심의 안건을 정하여 회의 개최일 7일 전까지 각 위원에게 서면으로 알려야 한다. 다만, 긴급한 사유가 있는 경우에는 그러하지 아니하다.

⑤ 위원회의 회의는 위원장을 포함한 재적위원 과반수의 출석으로 개의(開議)하고, 출석위원 과반수의 찬성으로 의결한다.

⑥ 위원회는 직무를 수행하기 위하여 필요하다고 인정하는 경우에는 관계 행정기관의 장, 연구기관, 단체 등에 자료 또는 의견의 제출 등을 요구할 수 있으며, 관계 공무원 또는 전문가를 참석하게 하여 의견을 들을 수

있다.

⑦ 위원회의 회의에 출석하는 위원 또는 전문가 등에게는 예산의 범위에서 수당과 여비를 지급할 수 있다. 다만, 공무원인 위원 또는 관계 공무원이 소관 업무와 직접 관련하여 출석하는 경우에는 그러하지 아니하다.

⑧ 제1항부터 제7항까지에서 규정한 사항 외에 위원회 운영에 필요한 사항은 위원회의 의결을 거쳐 위원장이 정한다.

· **제6조(위촉위원의 해촉)** 국방부장관은 법 제9조제2항제2호 및 제3호에 따른 위촉위원이 다음 각 호의 어느 하나에 해당하는 경우에는 해당 위원을 해촉(解囑)할 수 있다.

1. 심신장애로 인하여 직무를 수행할 수 없게 된 경우
2. 직무와 관련된 비위 사실이 있는 경우
3. 직무태만, 품위손상이나 그 밖의 사유로 위원으로 적합하지 아니하다고 인정되는 경우
4. 위원 스스로 직무를 수행하는 것이 곤란하다고 의사를 밝히는 경우

· **제7조(간사)** ① 위원회의 사무를 처리하기 위하여 위원회에 간사 1명을 둔다.

② 간사는 국방부의 고위공무원단에 속하는 일반직공무원 중에서 국방부장관이 임명한다.

제3장 군인의 기본권

· **제8조(영내대기의 시행방법)** ① 법 제12조제1항 각 호 외의 부분 단서에 따른 영내대기(이하 "영내대기"라 한다)는 중령 이상의 지휘관이 명할 수 있다.

② 제1항에 따라 영내대기를 명하려는 지휘관은 영내대기 사유, 개시시점 등을 해당 군인에게 사전에 통보하여야 한다.

③ 제2항에 따른 사전통보를 받고 영내대기 중인 군인이 영내대기 장소를 이탈하려는 경우에는 지휘관의 승인을 받아야 한다.

④ 제1항에 따라 영내대기를 명한 지휘관은 영내대기 사유가 소멸한 경우 즉시 영내대기를 해제하여야 한다. 이 경우 지휘관은 영내대기를 한 군인에 대하여 특별휴가 등 적절한 조치를 할 수 있다.

· **제9조(휴가의 종류 등)** ① 법 제18조제1항에 따른 휴가의 종류는 연가(年暇), 공가(公暇), 청원휴가, 특별휴가 및 정기휴가로 구분한다.

② 지휘관은 목적지가 근무지와 먼 거리일 경우 교통편 등을 고려하여 제10조부터 제14조까지의 규정에 따른 휴가기간(이하 "휴가기간"이라 한다)에 실제 필요한 왕복소요일수를 더하여 휴가를 줄 수 있다.

③ 하사 이상 군인의 휴가기간 중의 토요일 또는 공휴일은 휴가일수에 산입하지 아니한다. 다만, 휴가일수가 1개월 이상 계속되는 경우에는 휴가일수에 산입한다.

· **제10조(연가)** ① 하사 이상 군인의 연가일수는 연 21일 이내로 한다.

② 하사 이상 군인의 연가일수에 대해서는 한 차례 또는 여러 차례로 나누어 연가를 실시할 수 있다.

③ 하사 이상 군인의 연가는 오전 또는 오후의 반일(半日) 단위로 승인할 수 있으며, 반일 연가 2회는 연가 1일로 계산한다.

④ 연가의 승인 일수는 다음 계산식에 따라 산출한다. 이 경우 해당 연도 실제 복무 기간은 개월 수로 환산하여 계산하되, 15일 이상은 1개월로 계산하고, 15일 미만은 산입하지 아니하며, 계산식에 따라 산출된 소수점 이하의 일수는 반올림한다.

⑤ 다음 각 호의 기간은 제4항에 따른 연가의 승인 일수의 계산식에서 실제로 복무한 개월 수에 포함하지 아니한다.

1. 1개월 이상의 교육훈련기간
2. 휴직기간(공무상 질병 또는 부상으로 인한 휴직기간은 제외한다), 정직기

간, 직위해제기간 및 강등 처분에 따라 직무에 종사하지 못하는 기간

3. 「군인사법」 제46조의2에 따른 전직지원교육기간(이하 "전직지원교육기간"이라 한다)

⑥ 공무상의 사유로 하사(「군인사법」 제6조제7항제3호에 해당하는 경우는 제외한다) 이상 군인에 대하여 연가를 승인할 수 없거나 해당 군인이 연가를 활용하지 아니할 경우에는 예산의 범위에서 연가일수에 해당하는 연가보상비를 지급하고 연가를 대신할 수 있다.

· **제11조(공가)** 지휘관은 군인이 다음 각 호의 어느 하나에 해당할 때에는 그에 필요한 기간 동안 공가를 승인하여야 한다. 다만, 제3호에 따른 공가는 30일 이내로 한다.

1. 국회 · 법원 · 검찰 또는 그 밖의 국가기관에 공무가 있을 때
2. 법률의 규정에 따라 투표에 참여할 때
3. 공무상 질병이나 부상으로 직무를 수행할 수 없을 때
4. 외국유학 · 군사교육 또는 군 시설 외에서의 위탁교육을 위한 시험에 응시할 때
5. 올림픽 · 전국체육대회 등 국가적인 행사에 참가할 때
6. 천재지변 · 교통차단 또는 그 밖의 사유로 출근이 불가능할 때
7. 「국민건강보험법」 제52조에 따른 건강검진을 받을 때

· **제12조(청원휴가)** ① 지휘관은 군인이 신청한 경우 다음 각 호의 구분에 따른 휴가를 승인할 수 있다.

1. 본인이 부상 또는 질병으로 요양이 필요하거나 직계가족의 부상 또는 질병 등으로 본인이 간호를 하여야 할 때: 30일 이내. 다만, 하사 이상 군인이 「국민건강보험법」에 따른 요양기관에서 요양을 하게 될 때에는 그 요양에 필요한 기간으로 한다.
2. 본인이 「성폭력방지 및 피해자보호 등에 관한 법률」 제2조제3호에 따른 성폭력피해자로서 치료가 필요할 때: 60일 이내

3. 본인이 혼인할 때: 5일 이내

4. 자녀가 혼인할 때: 1일 이내

5. 배우자가 출산하였을 때: 다음 각 목의 구분에 따른 일수 이내. 다만, 영내 거주의무가 있는 군인의 배우자가 출산하였을 때에는 7일 이내로 한다.

가. 첫째 및 둘째 자녀를 출산하였을 때: 5일

나. 셋째 자녀를 출산하였을 때: 7일

다. 넷째 이상의 자녀를 출산하였을 때: 9일

6. 배우자가 사망하거나 본인 또는 배우자의 부모가 사망한 때: 5일 이내

7. 본인 및 배우자의 조부모나 외조부모가 사망한 때: 2일 이내

8. 자녀나 자녀의 배우자가 사망한 때: 2일 이내

9. 본인 및 배우자의 형제자매가 사망한 때: 1일 이내

10. 「입양특례법」에 따라 입양을 실시할 때: 20일 이내

② 지휘관은 임신 중인 여성 군인에 대하여 출산 전후를 통하여 90일(한 번에 둘 이상의 자녀를 임신한 경우에는 120일)의 출산휴가를 승인하되, 출산 후의 휴가기간이 45일(한 번에 둘 이상의 자녀를 임신한 경우에는 60일) 이상이 되게 하여야 한다. 다만, 지휘관은 임신 중인 여성 군인이 다음 각 호의 어느 하나에 해당하는 사유로 출산휴가를 신청하는 경우에는 출산 전 어느 때라도 최장 44일(한 번에 둘 이상의 자녀를 임신한 경우에는 59일)의 범위에서 출산휴가를 나누어 사용할 수 있도록 하여야 한다.

1. 유산(「모자보건법」 제14조제1항에 따라 허용되는 경우 외의 인공임신중절에 의한 유산은 제외한다. 이하 제3호를 제외하고 같다) · 사산의 경험이 있는 경우

2. 출산휴가를 신청할 당시 나이가 40세 이상인 경우

3. 유산 · 사산의 위험이 있다는 의료기관의 진단서를 제출한 경우

③ 지휘관은 임신 중인 여성 군인이 유산 또는 사산한 경우에 그 군인이 신청하면 다음 각 호의 기준에 따라 유산 또는 사산 휴가를 주어야 한다.

1. 유산 또는 사산한 군인의 임신기간(이하 "임신기간"이라 한다)이 11주 이

내인 경우: 유산 또는 사산한 날부터 5일까지

2. 임신기간이 12주 이상 15주 이내인 경우: 유산 또는 사산한 날부터 10일까지
3. 임신기간이 16주 이상 21주 이내인 경우: 유산 또는 사산한 날부터 30일까지
4. 임신기간이 22주 이상 27주 이내인 경우: 유산 또는 사산한 날부터 60일까지
5. 임신기간이 28주 이상인 경우: 유산 또는 사산한 날부터 90일까지

④ 여성 군인은 생리기간 중 휴식과 임신한 경우의 검진을 위하여 매월 1일의 여성보건휴가를 받을 수 있다. 다만, 생리기간 중 휴식을 위한 여성보건휴가는 무급으로 한다.

⑤ 임신 중인 여성 군인으로서 임신 후 12주 이내에 있거나 임신 후 36주 이상에 해당하는 군인은 1일 2시간의 범위에서 휴식이나 병원 진료 등을 위한 모성보호시간을 받을 수 있다.

⑥ 생후 1년 미만의 유아를 가진 여성 군인은 1일 1시간의 육아시간을 받을 수 있다.

⑦ 인공수정 또는 체외수정 등 불임치료 시술을 받는 군인은 시술 당일에 1일의 휴가를 받을 수 있다. 다만, 체외수정 시술의 경우 난자 채취일에 1일의 휴가를 추가로 받을 수 있다.

· **제13조(특별휴가)** ① 지휘관은 다음 각 호의 어느 하나에 해당하는 군인에게 7일의 범위에서 위로휴가를 줄 수 있다. 다만, 제2호에 따른 위로휴가는 재직기간 중 1회로 한정한다.

1. 훈련 · 검열 또는 그 밖의 특별한 근무로 피로가 심한 군인
2. 20년 이상 근속한 군인

② 지휘관은 모범이 되는 공적이 있는 군인에 대하여 10일의 범위에서 포상휴가를 줄 수 있다. 다만, 대간첩작전유공자 등에 대한 휴가기간은 각 군 참모총장이 별도로 정할 수 있다.

③ 지휘관은 명예전역 또는 정년전역 하는 군인에 대하여 3개월 이내에서 전역 전 휴가를 줄 수 있다.

④ 지휘관은 전방 경계업무 등으로 1주일에 40시간을 초과하여 근무하는 군인으로서 국방부장관이 정하는 범위에 해당하는 군인에 대하여 한 달에 3일의 범위에서 보상휴가를 줄 수 있다.

⑤ 지휘관은 풍해 · 수해 · 화재 등 재해로 인하여 피해를 입은 군인에 대하여 5일의 범위에서 재해구호휴가를 줄 수 있다.

· **제14조(병의 정기휴가 등)** ① 병(兵)의 정기휴가는 「병역법」 제18조에 따른 각 군별 복무기간에 따라 차등하여 실시한다.

② 지휘관은 법 제18조제1항에 따라 소속 병에 대하여 외출, 외박을 승인할 수 있다.

· **제15조(공무 외의 국외여행 등)** 지휘관은 군인이 다음 각 호의 어느 하나에 해당하는 경우에는 공무 외의 목적으로 국외여행 또는 국외체류를 승인할 수 있다.

1. 국외에 거주하는 친족의 경조사가 있거나 본인의 질병을 치료하기 위하여 필요한 경우
2. 휴가 중 국외여행을 하려는 경우
3. 「군인사법」 제7조제2항제2호 및 제3호에 따른 위탁교육 또는 전직지원교육기간 중 국외여행을 하려는 경우
4. 「군인사법」 제48조제3항제4호에 따라 휴직 중인 군인이 외국에서 근무 · 유학 또는 연수하게 되는 배우자를 동반하는 경우. 이 경우 해당 군인이 자녀를 동반하는 경우로 한정한다.

· **제16조(승인범위 등)** ① 휴가의 승인범위는 그 부대 현재 병력의 5분의 1 이내로 하되, 그 부대상황에 따라 조정할 수 있다.

② 휴가, 외출 · 외박 및 공무 외 국외여행 등을 승인하는 지휘관의 범위,

승인절차 등에 관하여 필요한 사항은 국방부장관이 정한다. 이 경우 국방부장관은 이를 각 군 참모총장에게 위임할 수 있다.

제4장 군인의 의무 등

· **제17조(입영 및 임관 선서)** 법 제19조에 따라 군인은 입영 또는 임관 시 다음 각 호와 같이 선서하여야 한다.

1. 입영선서

(입영계급) ○○○는 대한민국 군인으로서 국가와 국민을 위하여 충성을 다하고 헌법과 법규를 준수하며 상관의 명령에 복종하고 맡은 바 임무를 성실히 수행할 것을 엄숙히 선서합니다.

2. 임관선서

(임관계급) ○○○는 대한민국 장교로서 국가와 국민을 위하여 충성을 다하고 헌법과 법규를 준수하며 부여된 직책과 임무를 성실히 수행할 것을 엄숙히 선서합니다.

· **제18조(복무태도 등)** ① 군인은 복무를 할 때 다음 각 호와 같은 태도를 갖추어야 한다.

1. 품위유지

군인은 군의 위신(威信)과 군인으로서의 명예를 손상시키는 행동을 하여서는 아니 되며, 항상 용모와 복장을 단정히 하여 품위를 유지하여야 한다.

2. 국민에 대한 친절

군인은 대민업무 수행 시 친절 · 공정 · 신속하게 업무를 처리하여야 하고, 작전 및 훈련 중 대민피해를 방지하도록 노력하여야 하며, 피해가 발생한 때에는 법규에 따라 신속히 조치하여야 한다.

② 제1항에서 규정한 사항 외에 복무태도 및 생활 등에 관한 구체적인 사항은 국방부장관이 정한다.

· **제19조(영리 업무의 금지)** 군인은 법 제30조제1항에 따라 다음 각 호의 어느 하나에 해당하는 업무에 종사함으로써 군인의 직무 능률을 떨어뜨리거나, 군무(軍務)에 부당한 영향을 끼치거나, 국가의 이익과 상반되는 이익을 취득하거나, 군에 불명예스러운 영향을 끼칠 우려가 있는 경우에는 그 업무에 종사할 수 없다.

1. 상업, 공업, 금융업 또는 그 밖의 영리적인 업무를 스스로 경영하여 영리를 추구함이 뚜렷한 업무
2. 상업, 공업, 금융업 또는 그 밖의 영리를 목적으로 하는 사기업체(私企業體)의 이사, 감사, 업무를 집행하는 무한책임사원, 지배인, 발기인 또는 그 밖의 임원이 되는 것
3. 본인의 직무와 관련이 있는 타인의 기업에의 투자
4. 그 밖에 계속적으로 재산상의 이득을 목적으로 하는 업무

· **제20조(겸직 허가)** ① 군인은 제19조에 따른 영리 업무에 해당하지 아니하는 다른 직무를 겸하려는 경우에는 국방부장관의 사전 허가를 받아야 한다.
② 제1항에 따른 허가는 담당 군무 수행에 지장이 없는 경우에만 한정한다.

· **제21조(사회단체 가입 허가기준)** 법 제31조제2항 단서에서 "순수한 학술 · 문화 · 체육 · 친목 · 종교 활동을 목적으로 하는 단체 등 대통령령으로 정하는 단체"란 다음 각 호의 요건을 모두 갖춘 단체를 말한다.

1. 순수한 학술 · 문화 · 체육 · 친목 · 종교 · 공익 및 봉사 활동을 목적으로 하는 단체
2. 단체의 설립 목적, 강령, 활동이 군인의 의무에 반하지 아니하거나 임무수행에 영향을 미치지 아니하는 단체
3. 법에 따라 설립된 단체로서 불법적인 활동을 하지 아니하는 단체
4. 단체의 활동이 군인의 품위와 명예를 실추시키지 아니하는 단체

· **제22조(전쟁법 교육)** ① 법 제34조제1항에 따른 전쟁법(이하 "전쟁법"이라

한다)에 대한 교육에는 다음 각 호의 내용이 포함되어야 한다.

1. 전쟁법의 개념과 필요성
2. 전쟁법의 기본원칙
3. 전쟁법상 공격목표 선정의 원칙
4. 무력행사의 방법에 관한 사항
5. 상병자(傷病者) 및 민간인 보호에 관한 사항
6. 포로의 대우에 관한 일반원칙
7. 전쟁법 위반행위의 처벌
8. 그 밖에 전쟁법 교육에 필요한 내용

② 제1항에 따른 전쟁법 교육의 대상, 시기 등 그 밖에 필요한 사항은 국방부장관이 정한다.

제5장 병영생활

· **제23조(내무생활)** ① 내무생활은 전우애를 기르고 단체생활에 필요한 협동정신과 자율성을 배양하며, 병영생활에서 오는 심신의 피로를 회복하고, 유사시 임무수행을 위한 준비를 갖추기 위한 것이어야 한다.

② 영내에 거주하여야 하는 군인은 내무생활을 하여야 한다.

③ 내무생활 대상자 및 내무생활에 관하여 필요한 사항은 국방부장관이 정한다. 이 경우 국방부장관은 이를 각 군 참모총장에게 위임할 수 있다.

· **제24조(기본권교육의 운영)** ① 국방부장관은 법 제38조제1항에 따라 「대한민국헌법」과 법에서 보장하고 있는 군인의 기본권과 의무 및 기본권 침해 시 구제절차 등에 관한 교육(이하 "기본권교육"이라 한다)을 매년 1회 이상 실시하여야 한다.

② 기본권교육에는 다음 각 호의 내용이 포함되어야 한다.

1. 군인에게 보장되는 기본권의 범위와 이에 따른 의무

2. 기본권 침해사례 발생 시 처리절차 및 조치기준
3. 기본권 침해에 대한 고충심사청구 등 구제절차
4. 기본정책 및 관련 규정의 이해
5. 그 밖에 기본권에 관하여 국방부장관이 필요하다고 인정하는 내용

③ 국방부장관은 필요한 경우 국가인권위원회, 국민권익위원회 등 인권 관련 국가기관 또는 단체와 협조하여 기본권교육을 실시할 수 있다.

④ 구체적인 기본권교육의 대상, 내용, 시간 및 방법 등에 관하여 필요한 사항은 국방부장관이 정한다.

제6장 군인의 권리구제

· **제25조(고충심사위원회 구성 등)** ① 법 제40조제3항에 따른 군인고충심사위원회(이하 "고충심사위원회"라 한다)는 각각 위원장 1명을 포함하여 5명 이상 7명 이하의 위원으로 구성한다.

② 고충심사위원회 위원은 해당 고충심사위원회가 설치되는 기관의 장(이하 "설치기관의 장"이라 한다)이 임명하며, 고충심사위원회의 위원장(이하 이 조 및 제29조에서 "위원장"이라 한다)은 위원 중 가장 선임인 사람이 된다.

③ 고충심사위원회 운영은 인사업무를 담당하는 부서에서 관장하고, 위원회별로 간사 1명씩을 둔다.

④ 국방부에 두는 고충심사위원회는 군인고충심사위원회가 설치되지 아니하는 국방부의 직할부대 및 기관의 고충심사 청구사항을 심사한다.

⑤ 이 영에서 규정한 사항 외에 고충심사위원회 운영에 필요한 사항은 국방부장관이 정한다.

· **제26조(고충심사의 청구)** ① 고충심사를 청구하려는 군인(이하 "청구인"이라 한다)은 다음 각 호의 사항을 적은 고충심사 청구서(이하 "청구서"라

한다)를 설치기관의 장에게 제출하여야 한다.

1. 소속
2. 계급, 군번 및 성명
3. 고충심사 청구내용

② 제1항에 따른 청구서를 제출받은 설치기관의 장은 지체 없이 소속 고충심사위원회에 회부하여 해당 고충에 관한 사항을 심사하게 하여야 한다.

③ 청구인은 청구서를 제출할 때 그 심사에 참고가 될 수 있는 자료나 문서를 첨부할 수 있다.

· **제27조(고충심사의 절차)** ① 고충심사위원회가 청구서를 접수하였을 때에는 30일 이내에 고충심사에 대한 결정을 하여야 한다. 다만, 부득이하다고 인정되는 경우에는 설치기관의 장의 승인을 받아 30일의 범위에서 그 기간을 연장할 수 있다.

② 고충심사위원회는 필요한 경우 관계 부대 또는 기관의 장에게 심사에 필요한 자료의 제출을 요구할 수 있으며, 검정 및 감정을 의뢰하거나 관계관(關係官)으로 하여금 사실조사를 하게 할 수 있다.

③ 고충심사위원회는 청구서 내용이 불충분하다고 인정될 때에는 청구서를 접수한 날부터 7일 이내의 기간을 정하여 청구인에게 보완을 요구할 수 있으며, 청구인은 그 기간 내에 청구서를 보완하여야 한다.

· **제28조(고충심사의 결정)** 고충심사의 결정은 재적위원 3분의 2 이상의 출석과 출석위원 과반수의 찬성으로 의결한다.

· **제29조(고충심사의 결과 처리)** ① 고충심사위원회는 고충심사 청구에 대한 결정을 하였을 때에는 결정서를 작성하고, 위원장과 출석위원이 서명하거나 날인하여야 한다.

② 고충심사위원회는 제1항에 따른 결정서가 작성되면 지체 없이 설치기관의 장에게 보고하여야 한다.

③ 제2항에 따른 보고를 받은 설치기관의 장은 심사 결과를 청구인에게 통보하고, 해당 고충의 해소에 필요한 조치를 하여야 한다.

· **제30조(재심청구)** ① 고충심사위원회 결정에 불복하는 청구인은 그 심사 결과를 통보받은 날부터 30일 이내에 법 제40조제4항에 따른 소관 위원회(이하 "소관 위원회"라 한다)에 재심청구를 할 수 있다. 이 경우 재심청구서에는 고충심사위원회의 고충심사 결정서 사본을 첨부하여야 한다.

② 소관 위원회는 재심청구서를 접수한 날부터 30일 이내에 재심 결정을 하여야 한다.

③ 결정된 재심 청구사항에 대해서는 다시 심사를 요구할 수 없다.

· **제31조(전문상담관의 설치)** ① 법 제41조제1항 각 호 외의 부분에서 "대통령령으로 정하는 규모 이상의 부대 또는 기관"이란 대령급 이상의 장교가 지휘하는 부대 또는 기관을 말한다.

② 법 제41조제2항에서 "대통령령으로 정하는 규모 이상의 부대 또는 기관"이란 다음 각 호의 구분에 따른 부대 또는 기관을 말한다.

1. 육군 · 공군: 중장급 이상의 장교가 지휘하는 부대 또는 기관
2. 해군 · 해병대: 소장급 이상의 장교가 지휘하는 부대 또는 기관

· **제32조(전문상담관의 자격기준)** ① 법 제41조제4항제1호에서 "대통령령으로 정하는 심리상담 또는 사회복지분야 관련 자격증을 소지하고 일정 기간 이상의 상담경험이 있는 사람"이란 다음 각 호의 어느 하나에 해당하는 사람으로서 별표에 따른 심리상담 또는 사회복지분야 관련 자격증을 소지하고 있는 사람을 말한다.

1. 5년 이상의 상담경험이 있는 사람
2. 심리상담 또는 사회복지분야와 관련된 학사학위를 소지한 사람으로서 3년 이상의 상담경험이 있는 사람
3. 심리상담 또는 사회복지분야와 관련된 석사 이상의 학위를 소지한 사람

으로서 2년 이상의 상담경험이 있는 사람

② 법 제41조제4항제2호에서 "대통령령으로 정하는 자격을 갖추고 일정 기간 이상의 군 복무 경력이 있는 사람"이란 다음 각 호의 어느 하나에 해당하는 사람으로서 병과별(兵科別)로 국방부장관이 정하는 일정 기간 이상의 군 복무 경력이 있는 사람을 말한다.

1. 별표에 따른 심리상담 또는 사회복지분야 관련 자격증을 소지하고 있는 사람
2. 심리상담 또는 사회복지분야와 관련된 학사 이상의 학위를 소지한 사람

· **제33조(전문상담관의 선발)** ① 국방부장관은 법 제41조제1항에 따른 병영생활 전문상담관과 같은 조 제2항에 따른 성(性)고충 전문상담관(이하 "전문상담관"이라 한다)을 임명하려는 경우에는 서류전형과 면접시험을 거쳐 적격자를 선발하여야 한다.

② 국방부장관은 법 제41조제4항제1호에 해당하는 사람을 제1항에 따라 전문상담관으로 선발하려는 경우에는 다음 각 호의 사항을 응시원서 접수 10일 전까지 일간신문, 방송, 인터넷 홈페이지나 그 밖의 효과적인 방법으로 공고하여야 하며, 불가피한 사유로 공고한 내용을 변경할 때에는 응시원서 접수 7일 전까지 다시 공고하여야 한다.

1. 선발 예정 인원
2. 응시자격
3. 응시원서의 접수기간 및 접수장소
4. 담당 업무 및 배치 예정 지역
5. 보수 등 대우에 관한 사항
6. 그 밖에 전문상담관의 선발에 필요한 사항

③ 제2항에도 불구하고 휴직자의 결원 보충 등을 위하여 6개월 이내의 기간 동안 전문상담관으로 임명하기 위하여 선발하려는 경우에는 공고를 하지 아니할 수 있다.

· **제34조(전문상담관의 채용기간)** ① 국방부장관은 법 제41조제4항제1호에 해당하는 사람을 「기간제 및 단시간근로자 보호 등에 관한 법률」 제2조제1호에 따른 기간제근로자로 채용하여 전문상담관으로 임명하려는 경우 최초의 채용기간은 2년으로 하되, 필요한 경우 계속 근무한 기간이 5년을 넘지 아니하는 범위에서 1년 단위로 채용기간을 연장할 수 있다.
② 제1항에도 불구하고 휴직자의 결원 보충 등을 위하여 채용되는 사람의 최초의 채용기간은 2년의 범위에서 휴직자의 결원 보충 등에 필요한 기간으로 할 수 있다.

· **제35조(전문상담관의 배치)** 국방부장관은 전문상담관을 배치하거나 근무지를 조정할 때에는 다음 각 호의 사항을 고려하여야 한다.
1. 전문상담관의 연고지 및 근무 희망지
2. 전문상담관이 근무하는 부대 또는 기관의 지리적 특성
3. 그 밖에 전문상담관 인력 수급, 전문상담관에 대한 평가 결과 등 효율적인 인력운영을 위하여 필요한 사항

· **제36조(전문상담관에 대한 평가 등)** ① 국방부장관은 전문상담관의 업무수행실적 등을 정기적으로 또는 수시로 평가할 수 있다.
② 국방부장관 또는 각 군 참모총장은 전문상담관에게 상담능력 향상을 위한 직무교육을 실시할 수 있다.

제7장 특별근무 등

· **제37조(특별근무의 종류)** ① 법 제46조제1항에 따른 특별근무는 다음 각 호와 같이 구분한다.
1. 당직근무
2. 영내위병근무

3. 그 밖의 근무: 불침번근무 · 응급진료대기근무 및 군기순찰근무 등
② 특별근무의 세부적인 사항은 부대의 임무, 기능 및 상황에 따라 장관급 지휘관이 정한다.

· **제38조(비상소집 발령시기 등)** ① 법 제47조제1항에 따른 비상소집은 다음 각 호의 어느 하나에 해당하는 때에 장관급 지휘관이 발령한다.
1. 전시 · 사변, 이에 준하는 국가비상사태가 발생한 때
2. 침투 및 국지도발 상황 등 작전상황이 발생한 때
3. 경계태세 강화 등 긴급한 소집이 요구될 때
4. 천재지변이나 그 밖의 재난이 발생한 때
② 장관급 지휘관은 법 제47조제2항에 따라 이 조 제1항제1호에 따른 전시 · 사변, 이에 준하는 국가비상사태에 신속히 대응하기 위하여 군인의 휴가 · 외박 · 외출 지역을 제한할 수 있다.
③ 제2항에 따라 제한된 지역에서 휴가 · 외박 · 외출 중인 군인이 해당 지역을 이탈하려는 경우에는 장관급 지휘관의 승인을 받아야 한다.
④ 비상소집의 세부적인 소집시기 및 절차 등에 관하여는 국방부장관이 정한다.

· **제39조(권한의 위임)** 국방부장관은 법 제49조에 따라 다음 각 호의 사항에 관한 권한을 각 군 참모총장에게 위임한다.
1. 법 제16조에 따른 대외발표 및 활동에 대한 허가
2. 법 제30조에 따른 겸직 허가

「군인의 지위 및 복무에 관한 기본법 시행규칙」

제1장 총칙

· **제1조(목적)** 이 규칙은 「군인의 지위 및 복무에 관한 기본법」 및 같은 법 시행령에서 위임된 사항과 그 시행에 필요한 사항을 규정함을 목적으로 한다.

제2장 군인복무기본정책 등

· **제2조(군인복무기본정책의 시행 등)** ① 각 군 참모총장 및 해병대사령관은 「군인의 지위 및 복무에 관한 기본법」(이하 "법"이라 한다) 제7조제1항에 따른 군인복무기본정책(이하 "기본정책"이라 한다) 및 「군인의 지위 및 복무에 관한 기본법 시행령」(이하 "영"이라 한다) 제4조에 따른 기본정책 시행계획(이하 "시행계획"이라 한다)에 관한 세부시행계획(이하 "세부시행계획"이라 한다)을 수립하여 추진하여야 한다.

② 각 군 참모총장 및 해병대사령관은 세부시행계획의 추진실적을 분석 · 평가하여 그 결과를 세부시행계획에 반영하여야 한다.

③ 각 군 참모총장 및 해병대사령관은 기본정책 및 시행계획에 변경할 사항이 있는 경우에는 법 제8조에 따른 군인복무정책심의위원회의 위원장에게 건의하여야 한다.

제3장 군인의 의무 등

· **제3조(군기문란 행위)** 법 제27조제1항제4호에서 "그 밖에 군기를 문란하게 하는 행위"란 다음 각 호의 어느 하나에 해당하는 행위를 말한다.

1. 부대 내에서 파벌을 형성하거나 조장하는 행위
2. 상관을 비하하거나 모욕하는 언행을 하는 행위
3. 상관의 명령에 불응하거나 불복하는 행위
4. 그 밖에 부대의 단결을 저해하는 각종 행위

제4장 병영생활

· **제4조(기본권 교육계획)** ① 각 군 참모총장 및 해병대사령관은 법 제38조제1항에 따라 「대한민국헌법」과 법에서 보장하고 있는 군인의 기본권과 의무 및 기본권 침해 시 구제절차 등에 관한 교육(이하 "기본권교육"이라 한다)을 위한 세부 실시 사항을 수립하여 시행하여야 한다.

② 각 군 참모총장 및 해병대사령관은 매년 2월 말까지 전년도의 기본권 교육 시행 결과를 국방부장관에게 보고하여야 한다.

제5장 군인의 권리구제

· **제5조(심사자료의 제출)** 법 제40조제3항에 따른 군인고충심사위원회가 영 제27조제2항에 따라 관계 부대 또는 기관에 심사자료의 제출을 요구하였을 때에는 관계 부대 또는 기관은 군인고충심사위원회가 정한 기간 내에 심사자료를 제출하여야 한다.

· **제6조(고충심사 청구서 등)** ① 영 제26조제1항에 따른 고충심사 청구서는 별지 제1호서식과 같다.

② 영 제29조제1항에 따른 고충심사 결정서는 별지 제2호서식과 같다.

③ 영 제29조제3항에 따른 심사 결과의 통보는 별지 제3호서식에 따른다.

· **제7조(준용규정)** 고충심사 청구인에 대한 기일 지정 통지, 진술권, 보고 및 통지, 보정명령 및 각하 등에 관하여는 「군인사법 시행규칙」 제78조부터 제80조까지, 제82조 및 제83조를 각각 준용한다.

· **제8조(신고체계의 운영 등)** 국방부장관은 법 제39조에 따른 의견 건의, 법 제41조에 따른 고충 등의 상담 및 법 제43조에 따른 신고 등의 업무처리를 위하여 신고시스템을 구축하여 운영할 수 있다.

부록2

전쟁법 준수를 위한 훈령

제1장 총칙

· **제1조 (목적)** 이 훈령은 군인복무규율 제10조의2(전쟁법 준수의 의무)에 따라 전쟁법에 대한 정책, 교육 및 전쟁법 위반 행위에 대한 처리절차를 규정함을 목적으로 한다.

· **제2조 (적용범위)** ① 이 훈령은 국방부, 합동참모본부, 육군 · 해군 · 공군과 그 소속 기관 및 부대(이하 "국방부와 그 소속 기관 및 부대"라 한다)에 적용한다.

② 이 훈령은 전쟁을 포함하여 무력충돌이 일어나는 모든 분쟁에 적용한다.

③ 제2항의 무력충돌에는 '전자전', '사이버전', '심리전'을 포함한다.

· **제3조 (용어의 정의)** 이 훈령에서 사용하는 용어의 정의는 다음 각 호와 같다.

1. "전쟁법"이라 함은 무력충돌 행위에 관련된 국제법 중에서 대한민국이 당사자로서 가입한 조약과 일반적으로 승인된 국제법규와 이에 관한 국내법령을 말한다.
2. "포로"라 함은 무력충돌에 의하여 적대국의 세력 범위 내에 들어와 군사적 이유로 자유를 상실하였으나 국제법이나 특별협정에 의해 대우가 보장된 적대국 국민을 말한다.
3. "군법무관 등"이라 함은 군법무관 또는 전쟁법 전문가 등을 말한다.

4. “사이버전”이라 함은 컴퓨터네트워크 등을 사용하여 적의 정보체계 등을 공격 · 방어하는 활동을 말하며, “전자전”이라 함은 전자기파 등을 사용하여 적의 무기체계 등을 공격 · 방어하는 활동을 말한다.
5. “심리전”이라 함은 군사작전의 목표달성을 지원하기 위하여 선정된 정보나 계획된 의도를 전달하여 상대국가, 집단, 단체 및 개인의 견해, 감정, 태도와 행동에 영향을 미치도록 기획된 활동을 말한다.

제2장 정책

제4조 (정책) ① 전쟁법에 관한 정책을 수립 및 집행하는 자는 전쟁법뿐만 아니라 인도주의, 환경보전, 문명화된 민족 및 국가들 간에 수립된 관행 등을 고려하여 정책을 수립 및 집행하여야 한다.

② 교전자는 적에 대한 전투수단을 선택함에 있어 무제한의 권리를 가지는 것은 아니다.

제5조 (책무) ① 국방부장관은 전쟁법 준수를 위한 제반 사항을 관할한다.

② 국방정보본부장은 전쟁법 위반에 관한 정보를 수집하여 관련기관에 제공한다.

③ 국방교육정책관은 전쟁법 교육에 관하여 일반적인 조정통제를 한다.

④ 정책기획관은 전쟁법에 관한 국방부의 의견을 통합 · 조정한다.

⑤ 국제정책관은 전쟁법에 관하여 대외부처와 협조한다.

⑥ 대변인은 전쟁법에 관련된 공보업무를 감독하고, 공보업무지침을 제공한다.

⑦ 법무관리관은 다음 각 호의 사항을 담당한다.

1. 전쟁법에 관한 국방정책과 집행계획에 대한 적법성 검토
2. 전쟁법 관련 국내 · 국제회의에 군법무관 등의 참여
3. 국내기관 또는 국외기관으로부터 전쟁법 자료수집
4. 전쟁법 교육에 관한 계획과 정책의 수립, 조정통제
5. 전쟁법 교육실시 현황에 대한 점검

6. 군법무관 등을 통한 전쟁법 교육의 지원

⑧ 국방부와 그 소속 기관 및 부대의 장은 전쟁법 준수를 위하여 서로 협조한다.

· **제6조 (군법무관 등의 참여)** 국방부와 그 소속 기관 및 부대는 작전계획의 수립, 표적선정 등 작전의 시행이 전쟁법에 위반되지 않도록 군법무관 등에게 자문을 구할 수 있고, 지휘관은 이를 근거로 적절한 조치를 취할 수 있다.

제3장 교육

· **제7조 (교육의 주체)** ① 지휘관은 전쟁법에 대하여 소속부대 지휘관 및 장병을 교육할 책임이 있다.

② 지휘관은 외부기관의 전쟁법 전문가를 초빙하여 전쟁법에 대한 교육을 실시할 수 있다.

③ 군법무관 등은 지휘관에 의한 교육을 지원한다.

· **제8조 (교육의 내용)** 전쟁법을 교육함에 있어 다음 각 호의 사항들이 포함되어야 한다.

1. 전쟁법의 개념과 필요성
2. 전쟁법의 기본원칙
3. 교전규칙
4. 전쟁법상 공격목표 선정의 원칙
5. 무력행사의 방법에 관한 사항
6. 상병자 및 민간인 보호에 관한 사항
7. 포로의 대우에 관한 일반원칙
8. 무력충돌 시 문화재 보호에 관한 사항
9. 전쟁법 위반행위의 처벌

· **제9조 (교육의 절차)** ① 지휘관은 전쟁법 교육에 대하여 전년도에 교육계획을 수립하여야 한다.

② 지휘관은 소속부대 장병들에 대한 군법교육을 실시하는 경우에 전쟁법 준수를 위한 교육이 포함되도록 해야 한다.

③ 각급 부대의 장관급 지휘관은 다음 각 호에 정한 전쟁법 교육을 실시하여야 한다.

1. 소속부대 지휘관은 연 1회 이상
2. 소속부대 장병은 연 2회 이상

④ 합참의장 및 각군 참모총장은 매년 12월 말까지 다음 각 호에 대하여 국방부장관에게 보고하여야 한다.

1. 지휘관에 대한 전쟁법 교육실시 현황
2. 장병에 대한 전쟁법 교육실시 현황

· **제10조 (교육의 형식)** ① 군법무관 등은 소속 기관 또는 부대 이외의 기관 또는 부대를 방문하여 교육할 수 있다.

② 지휘관은 각종 훈련 및 작전 중에도 수시로 전쟁법 교육을 실시하여야 한다.

③ 지휘관, 군법무관 등이 직접 교육하는 것이 어려운 경우 전쟁법에 소양 있는 장교에게 교육을 위임할 수 있으며, 이 때 전쟁법 교재, 동영상 자료 등을 제공하여 교육을 지원할 수 있다.

④ 국군을 해외에 파병하는 경우 파병 전에 군법무관 등에 의한 전쟁법 교육을 실시하여야 한다.

⑤ 전쟁법에 관한 참고자료는 기관 및 부대 상호간 공동으로 활용하도록 노력한다.

제4장 기타

· **제11조 (지휘관의 책임)** ① 지휘관은 소속 장병이 자신의 임무 및 책임에 상응한 전쟁법 원칙과 규정을 알고 있도록 하여야 한다.

② 지휘관은 소속 장병이 전쟁법을 준수한 상태에서 작전을 수행하도록 지휘하여야 한다.

· **제12조 (포로에 대한 대우)** 포로의 경우 포로에 대한 국제협약이나 국내 법령에 따라 처리되어야 하며, 전쟁법 위반자나 범죄자와는 구분되어야 한다.

· **제13조 (전쟁법 위반에 대한 사실확인)** ① 전쟁법을 위반한 사실이 있다는 첩보를 접수한 지휘관은 즉시 지휘계통에 따라 보고한 후 사실을 확인하여야 한다. 다만, 부득이한 사정이 있는 경우 사실을 확인한 후에 지휘계통에 따라 보고할 수 있다.

② 제1항에 따른 사실확인을 할 경우, 지휘관은 소속부대 군법무관을 참여하게 하여야 한다. 다만, 소속인원 중 군법무관이 없는 경우에는 군법무관이 소속된 직근 상급부대 지휘관에게 군법무관의 사실확인참여를 요청하여야 하고 요청을 받은 지휘관은 특별한 사유가 없는 한, 이에 응해야 한다.

③ 전쟁법 위반자 또는 피해자가 소속이 다른 부대나 부대원인 경우 지휘관은 해당부대 지휘관에게 전쟁법 위반 사실을 통지하여야 한다.

④ 지휘관은 동맹국의 군인 또는 민간인에 의하여 또는 그에 대하여 범하여진 전쟁법 위반 행위를 동맹국 정부에 통지하여야 한다.

· **제14조 (전쟁법 위반에 대한 제재)** ① 지휘관은 전쟁법 위반 행위가 군형법 등 형사법에 위반되는 경우 형사처벌을 의뢰한다.

② 지휘관은 형사처벌 의뢰 이외에 징계 및 인사조치를 할 수 있다.

· **제15조 (위임규정)** 합참의장 및 각 군 참모총장은 이 훈령에 따라 합동참모본부 및 육군, 해군, 공군의 계획과 정책에 관한 세부적인 사항을 정할 수 있다.

· **제16조 (유효기간)** 이 훈령은 「훈령 · 예규 등의 발령 및 관리에 관한 규정」(대통령훈령 제248호)에 따라 이 훈령 발령 후의 법령이나 현실여건의 변화 등을 검토하여야 하는 2018년 8월 3일까지 효력을 가진다.

참고문헌

「대한민국 헌법」

「군인의 지위 및 복무에 관한 기본법」

「전쟁법 준수를 위한 훈령」

『孫子兵法』

『論語』

강진석, 『현대전쟁의 논리와 철학』, 동인, 2012.

국방부, 『군대윤리: 직업군인의 가치관』, 국방부, 2004.

_____, 『간부용 군대윤리』, 국방부, 2016.

_____, 『정신교육기본교재』, 국방부, 2013.

_____, 『전쟁법 해설서』, 국방부, 2010.

권영창 외, 『효과적인 교수-학습을 위한 교육방법론』, 형설출판사, 2008.

김인수·조은영, "Disparity in Conformity to Soldier's Creed in the Republic of Korea Army", ISUC-2016.

김준형, 『전쟁하는 인간』, 풀빛미디어, 2016.

다야치 카코, 이민효 외 옮김, 『전쟁범죄와 법』, 연경문화사, 2010.

다키 고지, 지명관 옮김, 『전쟁론』, 소화, 2001.

대한적십자사, 『국제인도법』, 인도법연구소, 2009.

라인홀드 니버, 이한우 옮김, 『도덕적 인간과 비도덕적 사회』, 문예출판사, 2004.

마사 C. 누스바움, 우석영 옮김, 『학교는 시장이 아니다』, 궁리, 2016.

미 FM 3-07 『안정화 작전』, 육군대학, 2009.

박병기·추병완, 『윤리학과 도덕교육』, 인간사랑, 2011.

볼프 슈나이더, 박종대 옮김, 『군인』, 열린책들, 2015.

스베틀라나 알렉시예비치, 박은정 옮김, 『전쟁은 여자의 얼굴을 하지 않았다』,

문학동네, 2015.
스탠리 밀그램, 정태연 옮김, 『권위에 대한 복종』, 에코리브르, 2009.
에릭 홉스봄, 이원기 옮김, 『폭력의 시대』, 민음사, 2008.
오정민, "칸트의 『영구평화론』과 그에 대한 현재적 논의", 『철학논구』 41권, 2013.
이민수, 『전쟁과 윤리』, 철학과 현실사, 1998.
이상학, 「청소년 청렴의식 조사 결과와 청렴성 증진」, 한국투명성기구, 2017.
정재민, 『불멸의 화랑』, 황금알, 2017.
정창우, 「道德敎育의 統合的 接近法으로서 構成主義的 人格敎育에 관한 硏究」, 『道德敎育硏究』, 제15권 1호, 한국도덕교육학회, 2003.
조승옥 외, 『군대윤리』, 봉명, 2002.
______, 『군대윤리』, 집문당, 2010.
조은영, 「군 리더의 도덕교육 발전방향에 대한 연구」, 화랑대연구소, 2013.
존 하키트, 이재호 · 서석봉 옮김, 『전문직업군』, 한원출판사, 1989.
지그문트 바우만, 정일준 옮김, 『현대성과 홀로코스트』, 새물결, 2013.
크리스티안 슈타틀러, 이재원 옮김, 『전쟁Krieg』, 이론과실천, 2015.
한국투명성기구, 「대한민국의 청렴성과 부패: 청소년들은 어떻게 생각하는가?」, 한국투명성기구, 2013.
한나 아렌트, 김선욱 옮김, 『예루살렘의 아이히만』, 한길사, 2006.
Douglas, P. Lackey, 최유신 옮김, 『전쟁과 평화의 윤리』, 철학과 현실사, 2006.
Eda. W. Rick Rubel and George R. Lucas. JR, *Case Studies in Ethics for Military Leaders*, Pearson Learning Solutions, 2011.
E. H. Schein, 김세영 역, 『조직문화와 리더십』, 교보문고, 1990.
Geert Hofstede · Geert Jan Hofstede · Michael Minkov, 차재호 · 나은영 공역, 『세계의 문화와 조직』, 학지사, 2016.
Hartle, A. E., *Moral Issues in Military Decision Making*, University Press of Kansas, 2004.
James R. Rest · Darcia Naváez, 문용린 외 옮김, 『전문직업인의 윤리발달과 교육』, 학지사, 2006.

James Rachels, 노혜련 · 김기덕 · 박소영 옮김, 『도덕철학의 기초』, 나눔의 집, 2006.

Michael Walzer, 권영근 외 옮김, 『마르스의 두 얼굴』, 연경문화사, 2007.

Rick Rubel, *Ethics and the Military Profession: The Moral Foundation of Leadership*, Pearson Learning Solutions, 2011.

Shelly Kagan, "The Structure of Normative Theories", *Philosophical Perspectives*, Vol. 6, Ethics, 1992.

Thomas Nagel, "War and Massacre", *Philosophy & Public Affairs*, vol. 1, 1972.

U.S.Army, ADRP1: Doctrine Supplement, The Army Profession, 2015.

인터넷 자료

권길여, "직장인 71%, 우리 회사에 군대문화 있다", 인사이트, 2016. 4. 11. (http://www.insight.co.kr/newsRead.php?ArtNo=57815 : 2017. 6. 15. 검색)

구창환, "민관군 병영문화혁신위원회 권고안 전문: 정예화된 선진강군 육성위한 22개 과제 국방부에 권고", UPKOREA, 2014. 12. 19. (http://www.upkorea.net/news/articleView.html? idxno=36340 : 2017. 5. 29. 검색)

국방일보 "밴 플리트 중위의 마지막 편지" 2016. 7. 18. (http://kookbang.dema.mil.kr/kookbangWeb/m/view.do?ntt_writ_date=20160718&bbs_id=BBSMSTR_000000001128&parent_no=1 : 2017. 6. 1. 검색)

김가영, "특별재난지역 선포… 軍 '검은 눈물' 닦기 총력", 국방일보, 2007. 12. 11. (http://kookbang.dema.mil.kr/kookbangWeb/view.do?ntt_writ_date =20071211&parent_no=3&bbs_id=BBSMSTR_000000000120 : 2017. 6. 15. 검색)

네이버, "「룰스 오브 인게이지먼트(rules of engagement)」 영화소개" (http://movie.naver.com/movie/bi/mi/basic.nhn?code=29103 : 2017. 6. 5. 검색)

_____, "「혼자 살아남은자(Lone survivor)」 영화소개" (http://movie.naver.com/movie/bi/mi/basic.nhn?code=92069: 2017. 6. 5. 검색)

박소연, " '율곡비리'와 '린다김', '통영함'까지…역대 방산비리", 머니투데이 인터넷판, 2015. 3. 10. (http://news.mt.co.kr/ mtview.php?no =2015030908437648855 : 2017. 5. 29. 검색)

서울신문, 「신뢰받는 군을 위하여 (총 19회)」 (http://search.seoul.co.kr/ index.php?keyword=신뢰받는%20군을%20위하여&pageNum=1 : 2017. 6. 4. 검색)

유태영 · 남혜정, "자살률 1위 우울한 한국… '안전망' 절실", 세계일보 인터넷판, 2016. 2. 2. (http://www.segye.com/newsView/ 20160202003880 : 2017. 5. 26. 검색)

이주형, "기름띠 이겨낸 인간띠… 하나된 민관군의 기적", 국방일보, 2015. 5. 19. (http://kookbang.dema.mil.kr/kookbangWeb/view.do?parent_no=1& bbs_id=BBSMSTR_000000001058&ntt_writ_date=20150520 : 2017. 6. 15. 검색)

이하린, "軍, 지뢰제거 작전 위해 '부모 동의서' 받아 논란", YTN 인터넷판, 2017. 3. 29. (http://www.ytn.co.kr/_ln/0101_ 201703291924074084 : 2017. 5. 29. 검색)

인터넷 두산백과, "전쟁" (http://terms.naver.com/ entry.nhn?docId=1139783&cid=40942&categoryId=31734 : 2017. 6. 25. 검색)

중앙일보 특별취재팀, "정직 · 배려 · 자기조절 부족 … 중학생들 '사람됨의 위기'", 중앙일보 인터넷판, 2013. 9. 23. (http:// news.joins.com /article/12654736 : 2017. 5. 26. 검색)

________________, "인성 좋은 학생 5명 중 1명꼴 … 45%가 '기준 미달'", 중앙일보 인터넷판, 2013. 9. 23. (http:// news.joins.com/article/12654726 : 2017. 5. 26. 검색)

황경상, "일제만행 고발 英 기자, 건국훈장 추서", 경향신문, 2014. 2. 15. (http://news.khan.co.kr/kh_news/khan_art_view.html?artid=201402251141271&code=910302#csidx45c4c0828b93164b257116b3766aa57 : 2017. 6. 1. 검색)

U.S. Army, "History of CAPE" (http://cape.army.mil/history.php : 2017. 6. 3. 검색.)

The Historylearning site, "First World War Casualties" (http://www.historylearningsite.co.uk/world-war-one/world-war-one-and-casualties/first-world-war-casualties/ : 2017. 6. 14. 검색)

The Historylearning site, "Military casualties of World War Two" (http://www.historylearningsite.co.uk/world-war-two/military-casualties-of-world-war-two/ : 2017. 6. 14. 검색)

Transparency International, "CPI 2016", 2016. (https://www.transparency.org/news/feature/corruption_perceptions _index_2016. : 2017. 5. 26. 검색)